INFRA-ESTRUTURA DE PONTES DE VIGAS

Blucher

Moacyr de Freitas

Engenheiro Civil
Professor Pleno da Escola de Engenharia Mauá

INFRA-ESTRUTURA DE PONTES DE VIGAS

DISTRIBUIÇÃO DE AÇÕES HORIZONTAIS

MÉTODO GERAL DE CÁLCULO

Infra-estrutura de pontes de vigas: distribuição de ações horizontais: método geral de cálculo

1ª edição - 2001
9ª reimpressão - 2019
Editora Edgard Blücher Ltda.

Blucher

Rua Pedroso Alvarenga, 1245, 4º andar
04531-934 - São Paulo - SP - Brasil
Tel.: 55 11 3078-5366
contato@blucher.com.br
www.blucher.com.br

FICHA CATALOGRÁFICA

Freitas, Moacyr de
Infra-estrutura de pontes de vigas: distribuição de ações horizontais: método geral de cálculo / Moacyr de Freitas. - São Paulo: Blucher; Mauá: Instituto Mauá de tecnologia, 2001.

Bibliografia.
ISBN 978-85-212-0290-5

1. Engenharia civil 2. Pontes de vigas - Projetos e construção I. Título.

09-00255 CDD-624.37

Índice para catálogo sistemático:
1. Pontes de vigas: Infra-estrutura: Engenharia civil 624.37

PREFÁCIO

O Centro Universitário do Instituto Mauá de Tecnologia e a Editora Edgard Blücher Ltda. trazem a público o livro Infraestrutura de Pontes de Vigas — Distribuição de Ações Horizontais — Método Geral de Cálculo, do Professor Moacyr de Freitas.

Esta ação do Centro Universitário do Instituto Mauá de Tecnologia se fundamenta nos seus objetivos estatutários do Instituto no sentido de promover o ensino técnico e científico em grau universitário e em todos os demais graus, visando a formação de recursos humanos altamente qualificados nos seus campos de atuação, como contribuição ao desenvolvimento social e econômico do país.

Mantido pelo Instituto Mauá de Tecnologia, o Centro Universitário compreende a Escola de Engenharia Mauá e a Escola de Administração Mauá.

O autor, professor pleno do Departamento de Engenharia Civil e Ambiental da Escola de Engenharia Mauá, com esta publicação contribui com uma pequena parte de sua vasta experiência no ensino e no exercício profissional da Engenharia Civil.

O Prof. Moacyr de Freitas é Professor de muitas gerações de Engenheiros formados na Escola de Engenharia Mauá onde leciona desde 1976, na Escola Politécnica da Universidade de São Paulo onde lecionou de 1958 até 1990.

Especialista em projeto e construção de pontes e viadutos, o Prof. Moacyr de Freitas atuou por trinta anos no Departamento de Obras Públicas da então Secretaria de Serviços e Obras Públicas do Estado de São Paulo e por várias décadas tem prestado serviços de consultoria a grandes empresas de engenharia atuantes na área, acumulando hoje mais de seiscentos projetos de pontes e viadutos no Estado de São Paulo em outros estados do Brasil e no Exterior, bem como acompanhado a execução de mais de uma centena destas obras.

Com esta obra o autor visa contribuir com os profissionais e estudantes de Engenharia Civil para o projeto estrutural dos elementos da infra-estrutura de pontes de vigas, e o Instituto Mauá de Tecnologia em convênio com a Editora Edgard Blücher promove sua difusão.

São Caetano do Sul, 23 de abril de 2001

Prof. Otávio de Mattos Silvares
Reitor
Centro Universitário do Instituto Mauá de Tecnologia

INTRODUÇÃO

É do conhecimento de todos os profissionais da engenharia civil que se dedicam ao projeto estrutural de pontes a grande variabilidade dos elementos que constituem a infra-estrutura das mesmas, em geral bem maior que a apresentada pelas respectivas superestruturas. Por sua dependência direta das condições topográficas e geotécnicas do local onde a ponte será implantada, o estudo da correspondente infra-estrutura poderá apresentar complexidade sensivelmente superior à da superestrutura. No caso mais freqüente das pontes cuja superestrutura é constituída por vigas como estrutura principal, entre os problemas que devem ser tratados no projeto da infra-estrutura, já na parte inicial dos respectivos cálculos, destaca-se o da distribuição das diferentes ações horizontais que, agindo na superestrutura, se transmitem através dos aparelhos de apoio aos encontros, pilares e correspondentes fundações (elementos que, no seu conjunto, serão considerados como constituindo a infra-estrutura da ponte). Essas ações são representadas, principalmente, pelas de caráter direto (frenagem, ação do vento, e empuxos de terra, etc.) e pelas de caráter indireto (variações de temperatura, retração e fluência do concreto, protensão, etc.). A distribuição dessa ações é feita com base nas características geométricas e mecânicas dos elementos da infra-estrutura, representadas em geral pelos respectivos coeficientes de rigidez, bem como levando em conta os tipos de aparelhos de apoio e as propriedades do terreno de fundação.

O problema da distribuição das ações horizontais nos elementos da infra-estrutura das pontes de vigas tem merecido o estudo e a respectiva solução em numerosos trabalhos, em geral de excelente qualidade e muita engenhosidade (ver a Bibliografia no final do texto). Salvo exceções, esses trabalhos são dirigidos à solução do assunto no caso de pontes de eixo reto. A ocorrência, cada vez mais freqüente, de pontes (inclusive os viadutos) com traçado horizontal curvo ou mesmo misto (associação de trechos retos e curvos), foi a razão de se procurar estabelecer um método de caráter geral, permitindo sua aplicação à solução do problema em referência nos diferentes casos de desenvolvimento do eixo da ponte. É a finalidade, evidentemente modesta, da presente publicação.

Apresentamos nos resultados dos exemplos de aplicação no texto, as unidades de medida "tf" (tonelada-força) e "m" (metro). Assim se procedeu para atender aos projetistas que ainda fazem uso dessas unidades, as quais lhes dão, por sentimento de grandeza, uma percepção mais imediata dos resultados obtidos. Por outro lado, todas as expressões deduzidas são independentes do sistema de unidades que, na sua aplicação prática, for utilizado; não há qualquer coeficiente ou outra grandeza nas diferentes fórmulas que sejam dependentes do sistema de unidades que vier a ser empregado. Os resultados dos exemplos, apresentados nas unidades acima indicadas, podem ser facilmente expressos em outras unidades por meio de tabelas de conversão existentes.

O Autor

CONTEÚDO

Capítulo 1 PRELIMINARES

No cálculo e dimensionamento dos elementos estruturais que constituem a infra-estrutura de uma ponte, compreendendo-se por infra-estrutura os suportes (pilares e encontros) e as respectivas fundações, particularmente no caso mais freqüente no qual a estrutura principal da superestrutura da ponte é formada por vigas, é necessário considerar a distribuição, por aqueles elementos estruturais, dos diversos tipos de ações de direção horizontal que agem na superestrutura, ações estas representadas principalmente por:

- frenagem ou aceleração;
- variação de temperatura;
- vento;
- protensão;
- retração do concreto;
- fluência do concreto;
- empuxos de terra;
- outros.

Em casos particulares, pode ocorrer a necessidade de considerar a distribuição de ações horizontais que atuam diretamente nos elementos da infra-estrutura, e que podem ser constituídas por:

- vento;
- empuxos de terra;
- ação da corrente líquida;
- choques diversos (veículos, embarcações etc.)
- outros.

A literatura técnica sobre o assunto, felizmente, é abundante (ver referências no item 5).

Em conseqüência, as considerações a seguir apresentadas devem ser consideradas apenas como uma tentativa de contribuição adicional relativa ao tema. Procurou-se dar um tratamento de caráter geral sobre o problema, uma vez que, para atender os traçados das estradas e as correspondentes exigências do tráfego, o eixo das pontes pode apresentar um desenvolvimento em curva ou ocorrer ramificações nos respectivos tabuleiros, tornando mais complexa a solução do problema da distribuição das diferentes ações horizontais que ocorrem (Fig. 1).

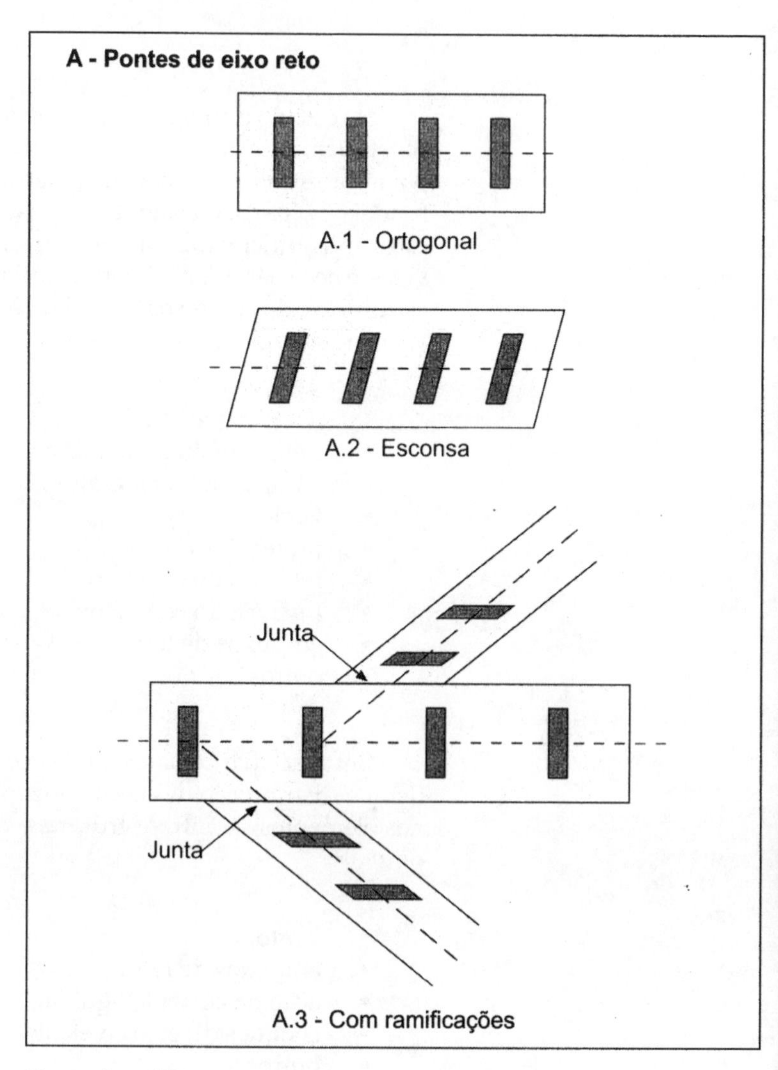

Figura 1 — (A)

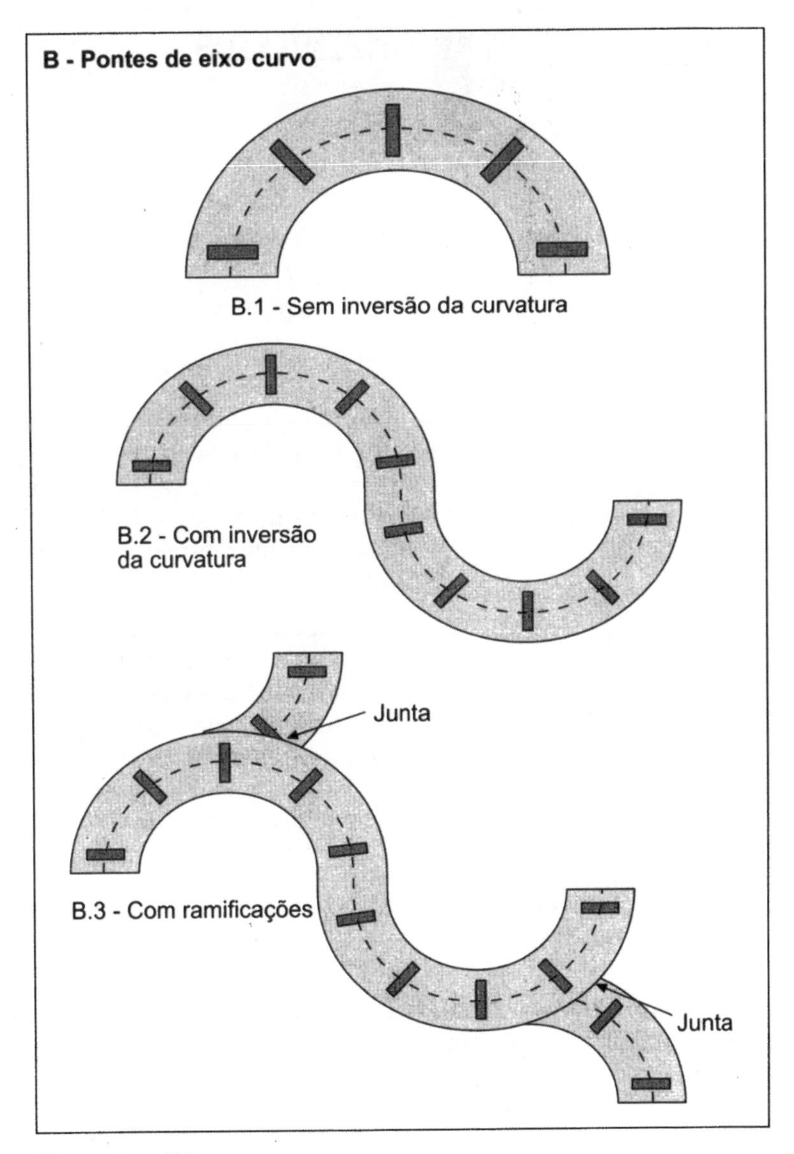

Figura 1 — (B)

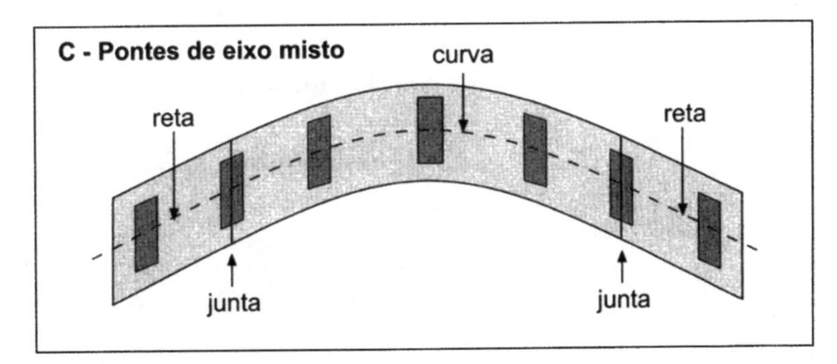

Figura 1 — (C)

Capítulo 

DEFINIÇÕES

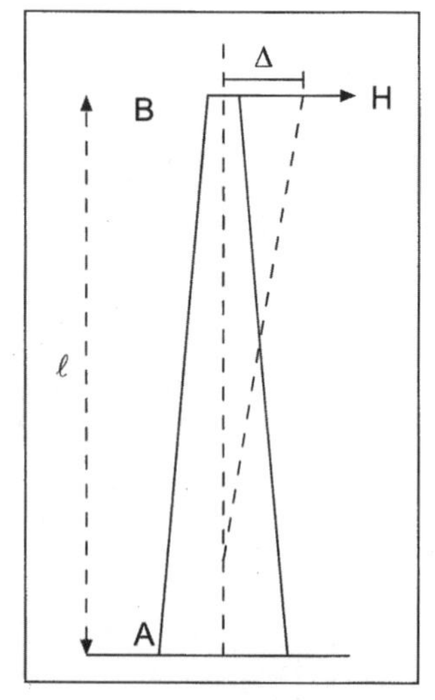

Figura 2

Os conceitos de coeficiente de flexibilidade e de rigidez, de uso fundamental nos métodos matriciais de cálculo de estruturas, e particularmente a noção de coeficiente de rigidez, referentes aos suportes de uma ponte (pilares e encontros), são básicos no desenvolvimento dos métodos de cálculo de distribuição de ações horizontais nesses elementos.

Considerando uma barra AB, de material homogêneo e com eixo vertical, de comprimento L, engastada na base e livre no topo, e admitindo que o seu comportamento estrutural sob a ação de esforços se dê no regime de elasticidade do material que a constitui, seja Δ o deslocamento produzido por uma força **H** aplicada na seção do topo, com linha de ação normal ao eixo da barra (fig. 2). Podem, neste caso, ser considerados dois casos:

2.1 ■ A LINHA DE AÇÃO DA FORÇA H COINCIDE COM UM DOS EIXOS CENTRAIS DE INÉRCIA DA SEÇÃO DO TOPO

Neste caso, admitindo que ao longo do comprimento ℓ da barra as seções tenham os respectivos eixos centrais de inércia situados em planos verticais (caso usual em pilares de pontes), a força **H** produzirá flexão reta na barra e o deslocamento Δ ficará situado na linha de ação da força **H**. Pode-se relacionar a força **H** e o deslocamento Δ sob duas formas recíprocas entre si, a saber:

a) ***O deslocamento é proporcional à força***:

$$\Delta \propto \mathbf{H}$$

O coeficiente de proporcionalidade, neste caso, é, por definição, designado como "***coeficiente de flexibilidade***":

$$\Delta = f.\mathbf{H} \qquad [1]$$

sendo f = coeficiente de flexibilidade.

De **[1]** deduz-se que:

- as unidades de medida de "f" são dadas pela relação entre unidades de comprimento e unidades de força (m/kN, cm/kgf etc.);
- quando H = 1, obtém-se $f = \Delta$, ou seja, o coeficiente de flexibilidade é numericamente igual ao deslocamento provocado pela aplicação de uma forga unitária no topo da barra, nas condições indicadas.

b) ***A força e proporcional ao deslocamento***:

$$\mathbf{H} \,\alpha\, \Delta$$

O coeficiente de proporcionalidade nesta relação é, por definição denominado "***coeficiente de rigidez***":

$$\mathbf{H} = \kappa\, \Delta \qquad \textbf{[2]}$$

sendo **k** = coeficiente de rigidez.

De **[2]** deduz-se que:

- as unidades de medida de "κ" são representadas pela relação entre unidades de força e unidades de comprimento (kN/m, kgf/cm etc.);
- quando Δ = **1**, obtém-se κ = **H**, isto é, o coeficiente de rigidez é numericamente igual à força que, aplicada na seção do topo da barra e nas condições indicadas, provoca um deslocamento unitário nesse topo.

Das expressões **[1]** e **[2]**, deduz-se imediatamente:

$$f = \frac{1}{\kappa} \quad \text{ou} \quad \kappa = \frac{1}{f} \qquad \textbf{[3]}$$

Estas relações são úteis quando, na determinação de um dos dois coeficientes κ ou f, o cálculo de um deles é mais simples que o do outro. Por exemplo, pode ocorrer que, desejando-se o valor de κ, seja porém mais simples o cálculo de f; nesse caso, calcula-se f e usa-se a relação:

$$\kappa = \frac{1}{f}$$

para obter o valor procurado de κ.

Para o cálculo desses coeficientes tem-se dois casos:

a - O pilar é prismático (Fig. 3).

Nesse caso, sendo EI = constante, tem-se:

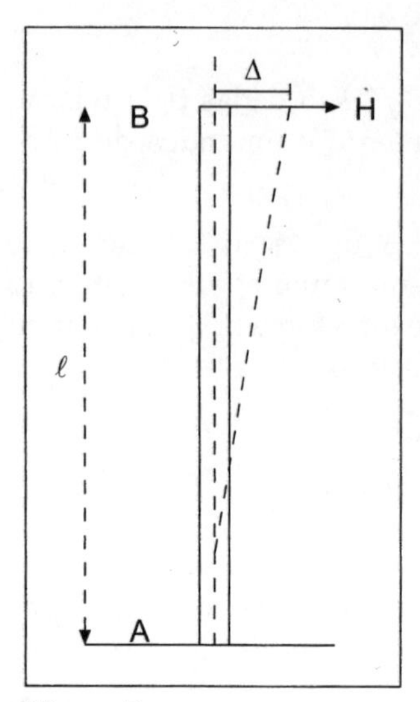

Figura 3

$$\Delta = \frac{H\ell^3}{3EI} \quad [4]$$

Comparando a expressão **[4]** com a expressão **[1]**, conclui-se que:

$$f = \frac{\ell^3}{3EI} \quad [5]$$

e, portanto, de **[3]**:

$$\kappa = \frac{3EI}{\ell^3} \quad [6]$$

b - O pilar tem inercia variável (Fig. 4).

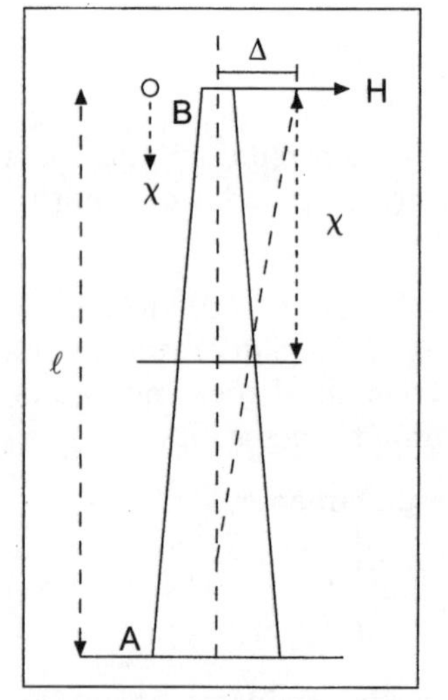

Figura 4

Considerando apenas a ação do momento fletor (desprezada a contribuição das forças cortantes), o princípio dos trabalhos virtuais dará:

$$\Delta = \int_0^\ell \frac{M\overline{M}}{EI_x} d\chi$$

ou, com:

$$M = H\chi$$
$$\overline{M} = \chi$$

vem:

$$\Delta = \frac{H}{E}\int_0^\ell \frac{\chi^2}{I_\chi} d\chi \quad [7]$$

uma vez que o material do pilar é considerado homogêneo.

Comparando a expressão **[7]** com a expressão **[1]**, conclui-se que:

$$f = \frac{1}{E}\int_0^\ell \frac{\chi^2}{I_\chi} d\chi \quad [8]$$

e portanto, de **[3]**:

$$\kappa = \frac{E}{\int_0^\ell \frac{\chi^2}{I_\chi} d\chi} \quad [9]$$

Em geral, a integral que aparece nas expressões **[8]** e **[9]** não pode ser determinada exatamente para os casos usuais de variação do momento de inércia ao longo da altura dos pilares de pontes da prática (observar que o valor I_χ do momento de inércia das seções do pilar de inércia variável situa-se no denominador da expressão a ser integrada).

A solução a adotar, neste caso, é aproximada e pode ser obtida por um dos seguintes processos:

b.1 - Integração numérica

Para o caso do cálculo do coeficiente de rigidez, por exemplo, a expressão **[9]** pode ser transformada em:

$$\kappa \cong \frac{E}{\sum_{i=1}^{n} \frac{\chi^2}{I_\chi} \Delta\chi} \qquad [10]$$

dividindo-se o comprimento ℓ do pilar em **n** trechos de mesmo comprimento parcial $\Delta\chi$:

$$\Delta\chi = \frac{\ell}{n}$$

A expressão **[10]** conduzirá a resultados com aproximação tanto melhor quanto maior for o valor de divisões **n** (ou quanto menor o valor do espaçamento entre seções $\Delta\chi$).

Exemplo 1

Determinar o coeficiente de rigidez do pilar de concreto armado da Fig. 5, com as dimensões indicadas. A largura do pilar (medida normalmente ao plano da figura) é constante b = 2,00 m e as arestas ao longo da altura variam segundo uma parábola do segundo grau.

Adotar: E = 3.10^6 tf/m^2 para o módulo de elasticidade do concreto.

Solução:

Adotando n=10, tem-se:

$$\Delta\chi = \frac{15,00}{10} = 1,50 \text{ m}$$

A seção genérica **i**, à distância χ_i do topo, terá a altura:

$$h_i = h_1 + \frac{h_{11} - h_1}{\ell^2} \chi_i^2$$

Para o cálculo do momento de inércia, admitido como constante em cada trecho de pilar ao longo da sua altura, adota-se a altura média do trecho considerado:

$$h_{i-1,i} = \frac{h_{i=1} + h_i}{2}$$

e portanto:

$$I_{i-1,i} = \frac{1}{2} \cdot b \cdot h_{i-1,i}^3$$

A distância correspondente, a partir do topo do pilar, será $\chi_{i-1,\,i}$, a ser utilizada na somatória do denominador da expressão **[10]**.

Pode-se, portanto, organizar a seguinte tabela:

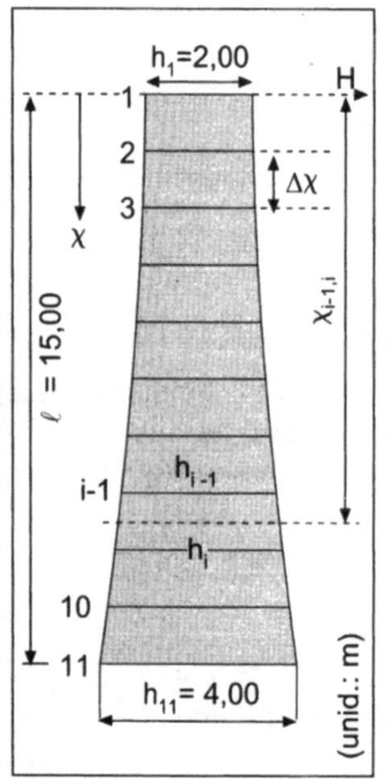

Figura 5

Seção	h_i	$h_{i-1,\,i}$	$\chi_{i-1,\,i}$	$I_{i-1,\,i}$	$\frac{\chi_{i-1,i}^2}{I_{i-1,i}} \cdot \Delta\chi$
1	2,000				
		2,010	0,75	1 ,3534	0,6234
2	2,020				
		2,050	2,25	1,4359	5,2885
3	2,080				
		2,130	3,75	1,6106	13,0968
4	2,180				
		2,250	5,25	1,8984	21,7782
5	2, 320				
		2,410	6, 75	2,3329	29,2956
6	2,500				
		2,610	8,25	2,9633	34,4527
7	2,720				
		2,850	9,75	3,8582	36,9586
8	2,980				
		3,130	11,25	5,1107	37,1463
9	3,280				
		3,450	12,75	6,8439	35,6294
10	3,620				
		3,810	14,25	9,2177	33,0444
11	4, 000				
					Σ = 247,3139

Utilizando a expressão **[10]** obtém-se:

$$\kappa = \frac{3 \cdot 10^6}{247,3139}$$

ou:

$$\kappa = 12.130,333 \text{ tf/m}$$

Como se observa, o cálculo acima indicado foi manual. O trabalho de cálculo ficará, evidentemente, simplificado com o emprego de um programa de computador. Apresenta-se, a seguir, um exemplo de programa simples para a solução do problema por este processo, em linguagem BASIC e utilizando o computador de mesa HP85, munido de ROM matricial.

O número utilizado de divisões da altura do pilar é igual a 20; a transformação do programa para um número maior de divisões é imediata, porém os resultados obtidos com n = 20 já apresentam aproximação suficiente para as necessidades da prática.

PROGRAMA BASIC

CÁLCULO DO COEFICIENTE DE RIGIDEZ DE UM PILAR DE INÉRCIA VARIÁVEL

```
10   REM   CALCULO DO COEFICIENTE DE RIGIDEZ DE UM
           PILAR COM I VARIAVEL
20   REM   L=ALTURA DO PILAR - B=LARGURA DA SECAO
           - H=ALTURA DA SECAO
           I=MOMENTO DE INERCIA DA SECAO - C= LARGURA
           MEDIA DO TRECHO DO PILAR
30   REM   E=MODULO DE ELASTICIDADE DO MATERIAL DO
           PILAR
40   REM   N=20 - NUMERO DE DIVISOES DA ALTURA
           L - D=ALTURA DO TRECHO DO PILAR
50   OPTION BASE 1
60   INPUT E, L
70   DIM B(20), C(20), H(21), I(20)
80   MAT INPUT B
90   MAT INPUT H
100  D=L/20
110  FOR J=1 TO 20
120  C(J)=(H(J)+H(J+1))/2
130  NEXT J
140  FOR J=1 TO 20
150  I(J)=B(J)*C(J)↑3/12
160  NEXT J
170  X1=D/2
180  S=X1↑2*D/I(1)
190  FOR J=2 TO 20
200  X=X1+(J-1)*D
210  S=S+X↑2/I(J)
220  NEXT J
230  DISP"S=";S
240  K=E/S
250  DISP "COEFICIENTE DE RIGIDEZ K=";K
260  GO TO 60
270  END
```

A aplicação deste programa, com os dados do exemplo, conduziu aos seguintes resultados:

$$S = \sum_{i=1}^{20} \frac{x_i^2}{I_{(i)}} \cdot \Delta\chi = 243,2063 \qquad (247,3139)$$

$$\kappa = 12086,721 \text{ tf / m} \qquad (12.130,333 \text{ tf / m})$$

Entre parênteses estão indicados os valores obtidos através do cálculo normal.

Uma solução alternativa, utilizando integração numérica, para a determinação do coeficiente de rigidez de um pilar de inércia variável, consiste no emprego da conhecida fórmula de Simpson (Fig. 6).

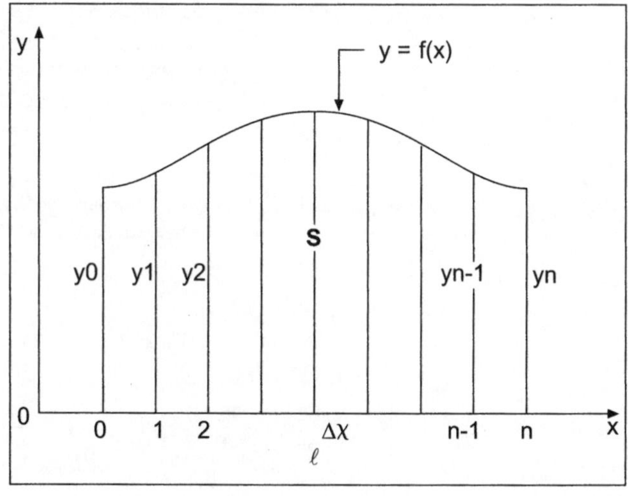

Figura 6

Adotando um número par de subdivisões iguais do comprimento ℓ entre as ordenadas extremas da curva $y = f(x)$, sabe-se que:

$$S = \int_0^{\ell} f(x)dx \cong \frac{\Delta\chi}{3}(y_0 + 4_{y1} + 2_{y2} + \ldots + 2_{yn-2} + 4_{yn-1} + y_n)$$

Utilizando esta expressão para o caso do pilar do exemplo 1, obtém-se a seguinte tabela, na qual:

$$y_i f(x_i) = \frac{x_i^2}{I_i}$$

e:

$$\Delta\chi = \frac{15,00}{10} = 1,50 \text{ m}$$

Seção	h_i	I_i	x_i	x_i^2	κ_i	S_i
0	2,000	1, 3333	0	0	1	0
1	2,020	1,3737	1,50	1,6379	4	6,5516
2	2,080	1,4998	3,00	6,0008	2	12,0016
3	2,180	1,7267	4,50	11,7276	4	46,9104
4	2,320	2,0812	6,00	17,2977	2	34,5954
5	2,500	2,6042	7,50	21,5997	4	86,3988
6	2,720	3,3539	9,00	24,1510	2	48,3020
7	2,980	4,4106	10,50	24,9966	4	99,9864
8	3,280	5,8813	12,00	24,4844	2	48,9688
9	3,620	7,9063	13,50	23,0512	4	92,2048
10	4,000	10,6667	15,00	21,0937	1	21,0932
						$S_1 = \sum S_i = 497,0130$

Portanto:

$$S \cong \frac{\Delta\chi}{3} \cdot S_1 = \frac{1,50}{3} \cdot 497,0130 = 248,5065$$

e:

$$\kappa = \frac{E}{S} = \frac{3 \cdot 10^6}{248,5065} = 12072,119 \text{ tf / m}$$

resultado que, de forma aproximada, está de acordo com os anteriormente obtidos.

b.2 - Variação linear do inverso do momento de inércia.

Esta hipótese foi adotada no artigo "Tabela Concisa para o Cálculo de Peças de Seção Variável", do Prof. T. van Langendonck, publicado na revista *Engenharia*, n.º 85 — do Instituto de Engenharia de São Paulo.

Da mesma forma que no processo anterior, divide-se o comprimento ℓ do pilar em n trechos preferivelmente de mesmo comprimento parcial $\Delta\chi$:

$$\Delta\chi = \frac{\ell}{n}$$

Considerando um trecho genérico de ordem **i**, em cujas seções de extremidade **i** e **i + 1** os momentos de inércia são $\mathbf{I_i}$ e $\mathbf{I_{i+1}}$,

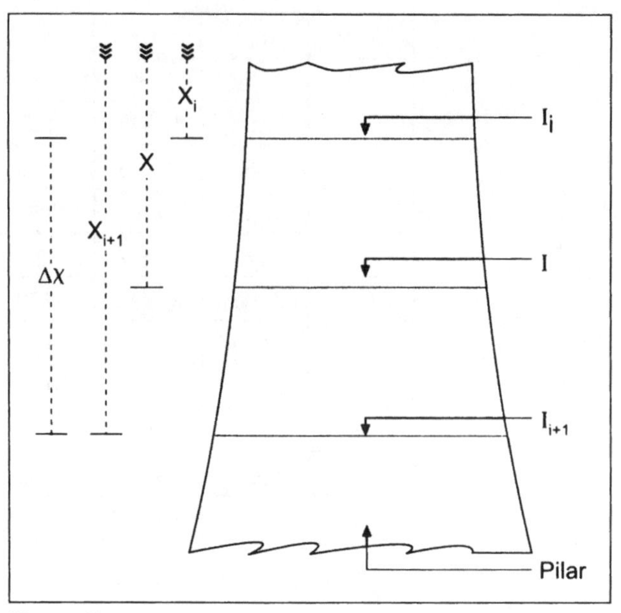

Figura 7

respectivamente, admite-se que o inverso do momento de inércia **1/I** nesse trecho apresente uma variação linear entre as respectivas extremidades (Fig. 7).

$$\frac{1}{I} = \frac{1}{I_i} - \left(\frac{1}{I_i} - \frac{1}{I_{i+1}}\right)\frac{x'}{\Delta\chi} \qquad [11]$$

Adotando um valor arbitrário de referência $\mathbf{I_0}$, com as dimensões de um momento de inércia (por exemplo, $\mathbf{I_0}$ pode ser admitido como igual ao momento de inércia máximo apresentado pelas seções do pilar), a expressão **[11]** pode ser escrita:

$$\frac{I_0}{I} = \frac{I_0}{I_i} - \left(\frac{I_0}{I_i} - \frac{I_0}{I_{i+1}}\right)\frac{x'}{\Delta\chi}$$

Designando por:

$$\frac{I_0}{I} = \kappa, \quad \frac{I_0}{I_i} = \kappa_i \quad \text{e} \quad \frac{I_0}{I_{i+1}} = \kappa_{i+1} \qquad [12]$$

e com:

$$\Delta\chi = \frac{\ell}{n}$$

obtém-se:

$$\kappa = \kappa_i - (\kappa_i - \kappa_{i+1})\frac{nx'}{\ell}$$

A figura mostra que:

$$X' = X - X_i$$

Portanto:

$$\kappa = \kappa_i - (\kappa_i - \kappa_{i+1})\frac{n(x' - x_i)}{\ell} \qquad [13]$$

O coeficiente de rigidez do pilar, de acordo com a expressão geral **[9]**, será dado pela fórmula aproximada:

$$\kappa \cong \frac{E}{\sum_{i=1}^{n}\left[\int_{x_i}^{x_{i+1}} \frac{x^2}{I}dx\right]} \qquad [14]$$

De acordo com a expressão **[13]**, a integral relativa ao trecho genérico **i** será:

$$\int_{x_i}^{x_{i+1}} \frac{x^2}{I}dx = \frac{1}{I_0}\int_{x_i}^{x_{i+1}} \frac{I_0}{I}x^2 dx = \frac{1}{I_0}\int_{x_i}^{x_{i+1}} \kappa x^2 dx$$

ou

$$\int_{x_i}^{x_{i+1}} \frac{x^2}{I}dx = \int_{x_i}^{x_{i+1}}\left[\kappa_i - (\kappa_i - \kappa_{i+1})\frac{n(x - x_i)}{\ell}\right]x^2 \cdot dx \qquad [15]$$

Mas:

$$\int_{x_i}^{x_{i+1}}\left[\kappa_i - (\kappa_1 - \kappa_{i+1})\frac{n(x - x_i)}{\ell}\right]x^2 \cdot dx =$$

$$= \frac{1}{12\ell}\left\{\kappa_i\left[4(\ell + nx_i)(x_{i+1}^3 - x_i^3) - 3n(x_{i+1}^4 - x_i^4)\right] + \right. \qquad [16]$$

$$\left. + \kappa_{i+1}\left[3n(x_{i+1}^4 - x_i^4) - 4nx_i(x_{i+1}^3 - x_i^3)\right]\right\}$$

Por outro lado:

$$x_{i+1} = x_i + \Delta x \qquad \text{ou} \qquad x_{i+1} = x_i + \frac{\ell}{n}$$

Substituindo em **[16]** e desenvolvendo, obtém-se:

$$\int_{x_i}^{x_{i+1}}\left[\kappa_i - (\kappa_i - \kappa_{i+1})\frac{n(x - x_i)}{\ell}\right]x^2 \cdot dx =$$

$$= \frac{1}{12n}\left\{\kappa_i\left[(3nx_i^4 - 4nx_i^3 \cdot x_{i+1} + nx_{i+1}^4) + \right.\right. \qquad [17]$$

$$\left.\left. + \kappa_{i+1}(3nx_{i+1}^4 - 4nx_i \cdot x_{i+1}^3 + nx_i^4)\right]\right\}$$

Porém:

$$\left.\begin{aligned} x_i &= (i-1)\frac{\ell}{n} \\ x_{i+1} &= i \cdot \frac{\ell}{n} \end{aligned}\right\} \quad [18]$$

Utilizando os valores das expressões **[18]** na expressão **[17]** e desenvolvendo, tem-se:

$$\int_{x_i}^{x_{i+1}} \left[\kappa_i - (\kappa_i - \kappa_{i+1})\frac{n(x - x_i)}{\ell}\right] x^2 \cdot dx = \frac{\ell}{12n^3} \times \quad [19]$$
$$\times \left[\kappa_i(6i^2 - 8i + 3)\kappa_{i+1}(6i^2 - 4i + 1)\right]$$

Fazendo:

$$\left.\begin{aligned} n_i &= 6i^2 - 8i + 3 \\ n_{i+1} &= 6i^2 - 4i + 1 \end{aligned}\right\} \quad [20]$$

a expressão **[19]** torna-se:

$$\int_{x_i}^{x_{i+1}} \left[k_i - (k_i - k_{i+1})\frac{n(x - x_i)}{\ell}\right] x^2 \cdot dx = \frac{\ell^3}{12n^3}(k_i n_i + k_{i+1} \cdot n_{i+1}) \quad [21]$$

Voltando à expressão **[14]**, utilizando as expressões **[15]** e **[21]**, obtém-se:

$$k \cong \frac{12n^3 EI_0}{\ell^3 \sum_{i=1}^{n} (k_i n_i + k_{i+1} \cdot n_{i+1})} \quad [22]$$

(Para um pilar prismático, a expressão **[21]** conduz ao valor:

$$k = \frac{3EI}{\ell^3}$$

isto é, reproduz a expressão **[6]**.)

O seguinte programa em BASIC pode ser usado no cálculo do coeficiente de rigidez de um pilar de inércia variável, segundo a expressão **[22]**, com **n = 20**, utilizando a HP85:

PROGRAMA BASIC

CÁLCULO DO COEFICIENTE DE RIGIDEZ DE UM PILAR DE INÉRCIA VARIÁVEL

```
10   REM   CALCULO DO COEFICIENTE DE RIGIDEZ DE UM
           PILAR DE INERCIA VARIAVEL
20   REM   L=ALTURA DO PILAR - B=LARGURA DA SECAO -
           H=ALTURA DA SECAO - I(J)=MOMENTO DE INERCIA
           DA SECAO
30   REM   IØ=MOMENTO DE INERCIA DE REFERENCIA -
           E=MODULO DE ELASTICIDADE DO MATERIAL -
           N=20=NUMERO DE DIVISOES DA ALTURA DO
           PILAR - D=L/20=ALTURA DO TRECHO DO PILAR
40   OPTION BASE 1
50   INPUT E, L
60   DIM B(21), H(21), I(21), K(21), N(21)
70   MAT INPUT B
80   MAT INPUT H
90   IØ=B(21)*H(21)↑3/12
100  FOR J=1 TO 21
110  I(J)=B(I)*H(J)↑3/12
120  K(J)=IØ/i(J)
130  NEXT J
140  S=0
150  FOR J=1 TO 20
160  N(J)=G*J↑2-8*J+3
170  N(J+1)=G*J↑2-4*J+1
180  S=S+K(J)*N(J)+K(J+I)*N(J+1)
190  NEXT J
200  DISP "S="; S
210  K=12*20↑3*E*I0/(L↑3*S)
220  DISP "COEFICIENTE DE RIGIDEZ K="; K
230  GO TO 50
240  END
```

A aplicação deste programa com os dados do exemplo conduz ao resultado:

K = 12060,326 tf/m

Observa-se a concordância com os resultados anteriores, considerando o caráter aproximado dos processos utilizados.

Nota: Nas considerações que seguem, os coeficientes de rigidez relativos aos eixos centrais de inércia da seção do pilar serão designados por *"coeficientes de rigidez principais"*.

2.2 ■ A LINHA DE AÇÃO DA FORÇA H NÃO COINCIDE COM UM DOS EIXOS CENTRAIS DE INÉRCIA DA SEÇÃO DO TOPO DO PILAR

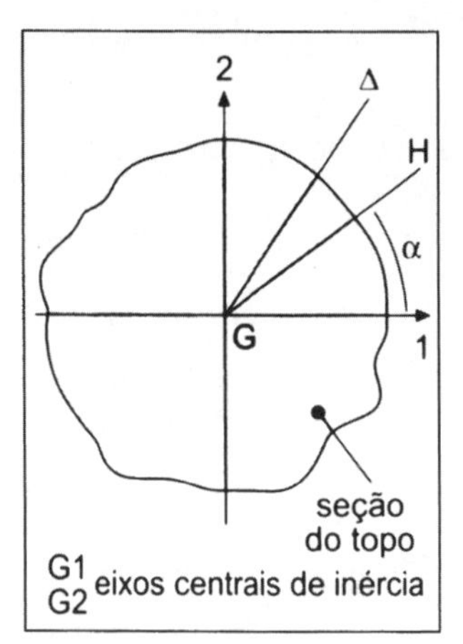

Figura 8

Neste caso, a força produz flexão oblíqua na barra, na qual o deslocamento Δ não se situa sobre a linha de ação da força H (Fig. 8).

Para melhor caracterizar o problema, a força será designada por H_x e a sua linha de ação Gx; o eixo Gy é normal a Gx (Fig. 9). Por outro lado, a linha neutra n-n é normal ao deslocamento Δ.

Designando por α e β os ângulos que Gx e a linha neutra n-n fazem com o eixo central de inércia G1, respectivamente, a teoria da flexão oblíqua estabelece:

$$\text{tg}\alpha \cdot \text{tg}\beta = \frac{I_1}{I_2} \quad [23]$$

sendo I_1 e 1_2 os momentos centrais de inércia da seção do topo, relativos aos eixos G1 e G2, respectivamente. Portanto, sendo K_1 e K_2 os coeficientes de rigidez do pilar segundo as direções G1 e G2, respectivamente, tem-se:

$$\text{tg}\alpha \cdot \text{tg}\beta = \frac{K_1}{K_2} \quad [24]$$

expressão que é válida mesmo que o pilar apresente inércia variável, desde que sejam obedecidas as hipóteses adotadas no item anterior 2.1, isto é, os eixos centrais de inércia das seções ao longo da altura do pilar estejam situados em planos verticais respectivos.

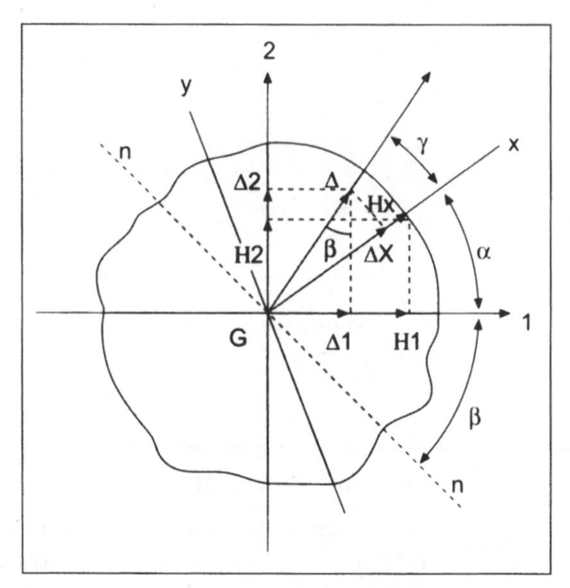

Figura 9

O ângulo γ entre as direções da força H_x e do deslocamento associado Δ, será:

$$\gamma = 90 - (\alpha + \beta) \qquad [25]$$

Para a definição do coeficiente de rigidez K_x do pilar segundo a direção G_x será adotada a seguinte expressão:

$$H_x = K_x \Delta_x \qquad [26]$$

em que Δ_x e projeção do deslocamento Δ sobre a direção H_x.

Projetando H_x e Δ sobre os eixos centrais G1 e G2, respectivamente, serão obtidas as seguintes componentes:

$$H_x \begin{cases} H_1 \\ H_2 \end{cases} \qquad \Delta \begin{cases} \Delta_1 \\ \Delta_2 \end{cases}$$

Mas: $\Delta_x = \Delta \cos \gamma$

e, com **[25]**: $\Delta_x = \Delta \cos [90 - (\alpha + \beta)]$

ou: $\Delta_x = \Delta \operatorname{sen} (\alpha + \beta)$

e, de **[26]**: $H_x = K_x \Delta \operatorname{sen} (\alpha + \beta)$ **[27]**

Também: $H_x = H_1 \cos \alpha + H_2 \operatorname{sen} \alpha$ **[28]**

Porém: $H_1 = K_1 \Delta_1$ e $H_2 = K_2 \Delta_2$

ou: $H_1 = K, \Delta \operatorname{sen} \beta$ e $H_2 = K_2 \Delta \cos \beta$ **[29]**

Substituindo as expressões **[27]** e **[29]** na expressão **[28]**, obtém-se:

$$K_x \Delta \operatorname{sen} (\alpha + \beta) = K_1 \Delta \cos \alpha \operatorname{sen} \beta + K_2 \Delta \operatorname{sen} \alpha \cos \beta$$

ou:

$$K_x = \frac{K_1 \cos\alpha \operatorname{sen} \beta + K_2 \operatorname{sen} \alpha \cos\beta}{\operatorname{sen} (\alpha + \beta)} \qquad [30]$$

Da expressão **[24]** deduz-se:

$$\operatorname{tg}\beta = \frac{K_2}{K_1 \operatorname{tg}\alpha} \qquad [31]$$

em que α é um ângulo conhecido, uma vez que a direção da força H_X é definida no problema.

Portanto:

$$\left.\begin{aligned} \operatorname{sen}\beta &= \frac{tg\beta}{\sqrt{1+tg^2\beta}} = \frac{K_2\cos\alpha}{\sqrt{k_1 sen^2\alpha + k_2^2\cos^2\alpha}} = \frac{k_2\cos\alpha}{k_0} \\ \cos\beta &= \frac{1}{\sqrt{1+tg^2\beta}} = \frac{k_1 sen\,\alpha}{\sqrt{k_1 sen^2\alpha + k_2^2\cos^2\alpha}} = \frac{k_1 sen\,\alpha}{k_0} \end{aligned}\right\} \quad [32]$$

sendo:

$$K_0 = \sqrt{K_1^2 sen^2\alpha + K_2^2\cos^2\alpha}$$

Por outro lado:

$$sen\,(\alpha+\beta) = sen\,\alpha \cdot \cos\beta + \cos\alpha \cdot sen\,\beta$$

e, usando as expressões **[32]**:

$$sen\,(\alpha+\beta) = \frac{K_1 sen^2\alpha + K_2\cos^2\alpha}{K_0} \quad [33]$$

Voltando à expressão **[30]** e utilizando as expressões **[32]** e **[33]** obtém-se:

$$K_x = \frac{K_1K_2}{K_1 sen^2\alpha + K_2\cos^2\alpha} \quad [34]$$

que e a expressão do coeficiente de rigidez do pilar na direção Gx, em função dos coeficientes de rigidez K_1 e K_2 relativos as direções dos eixos centrais de inércia e do ângulo α que define a direção da força H_X em relação ao eixo central de inércia Gl da seção (Fig. 9).

Utilizando a expressão **[34]** observa-se que:

- quando $\alpha = 0°$ (isto é, Gx coincide com G1), tem-se:

$$K_x = \frac{K_1K_2}{K_2} = K_1$$

- quando $\alpha = 90°$ (isto é, Gx coincide com G2), vem:

$$K_x = \frac{K_1K_2}{K_1} = K_2$$

- quando $K_1 = K_2$, obtém-se:

$$K_x = K_1 = K_2$$

ou seja, o coeficiente de rigidez do pilar independe da direção da linha de ação da força H_x; em outros termos, independe do ângulo α:

- o ângulo α a utilizar na expressão **[34]** deve ser medido em

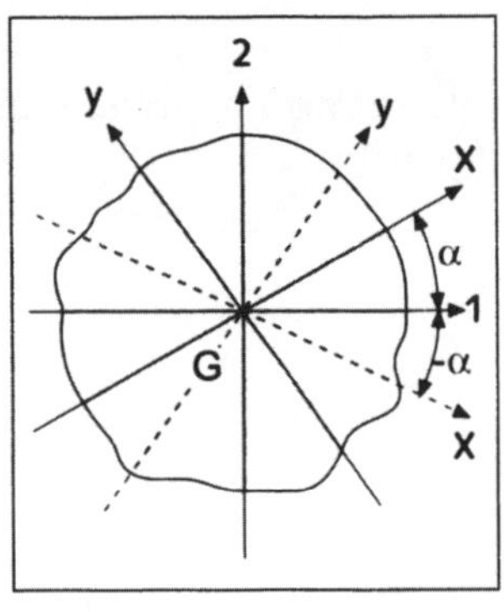

Figura 10

relação ao eixo central de inércia G1 (Fig. 10) e corresponde sempre a linha de ação da força H_x, com os limites:

$$0° \leq |\alpha| \leq 90°;$$

- o valor de K_x refere-se a direção Gx; o deslocamento Δ_x (Fig. 9) pode ocorrer em um dos dois sentidos desse eixo, dependendo do sentido de H_x;
- na direção Gy o coeficiente de rigidez do pilar será:

$$Ky = \frac{K_1 K_2}{K_1 \cos^2 \alpha + K_2 \text{sen}^2 \alpha} \quad [35]$$

valendo a mesma observação anterior;

- os valores de Kx (ou de Ky) são intermediários aos valores de K_1 e K_2, isto é:

$$K_2 < K_X < K_1$$

2.3 ■ COEFICIENTE DE RIGIDEZ GLOBAL

O coeficiente de rigidez (ou o coeficiente de flexibilidade) definido nos itens anteriores é relativo apenas ao fuste do pilar. Normalmente, nas pontes, associados aos pilares, há mais elementos que podem influir no valor final do coeficiente de rigidez (ou do coeficiente de flexibilidade) a adotar para o pilar na solução do problema da distribuição de ações horizontais, elementos estes representados por:

- aparelho de apoio;
- tipo de fundação.

Em particular, para a determinação do coeficiente de rigidez final do pilar, o qual será designado por "coeficiente de rigidez global", deve-se levar em conta os coeficientes de rigidez do aparelho de apoio e da fundação do pilar.

2.3.1 □ Coeficiente de Rigidez do Aparelho de Apoio

Este coeficiente depende, evidentemente, do tipo de aparelho de apoio utilizado no topo do pilar e será designado genericamente por K_n.

Para os tipos de aparelhos de apoio mais usuais em pontes tem-se:

- aparelho de apoio móvel: $K_n = 0;$
- aparelho de apoio fixo: $K_n = \infty;$
- aparelho de apoio de neoprene: $K_n = \frac{GA}{e};$

sendo:

G = módulo de elasticidade transversal do neoprene (em geral, com valor de 10 a 12 kgf/cm^2);

A = área das placas de neoprene;

e = espessura de neoprene.

2.3.2 □ Coeficiente de Rigidez da Fundação

O coeficiente de rigidez da fundação do pilar depende da solução utilizada no projeto da ponte para essa fundação: superficial (direta) ou profunda (estacas, tubulões, etc.). É uma grandeza em geral de determinação complexa, dependendo diretamente das propriedades do terreno de fundação, dadas através de parâmetros normalmente de difícil avaliação (por exemplo, valores dos coeficientes de recalques vertical e horizontal). O coeficiente de rigidez da fundação do pilar será designado genericamente por K_f.

2.3.3 □ Coeficiente de Rigidez Global do Pilar

Supondo, por exemplo, um pilar com fuste caracterizado pelo coeficiente de rigidez K_p, apresentando aparelho de apoio de neoprene com coeficiente de rigidez K_n no seu topo e com fundação direta em terreno recalcável de coeficiente de rigidez K_f, sob a ação de uma força H transmitida pela superestrutura ao pilar através do aparelho de apoio, Figura 11, tem-se, de acordo com as definições anteriores:

$$\Delta = \Delta_f + \Delta_p + \Delta_n \qquad [36]$$

sendo:

Δ = deslocamento total da superestrutura, em correspondência ao pilar considerado;

Δ_f = parcela de deslocamento devida ao recalque da fundação;

Δ_p = parcela de deslocamento devida à flèxão do fuste do pilar;

Δ_n = parcela de deslocamento devida à deformação do aparelho de apoio de neoprene.

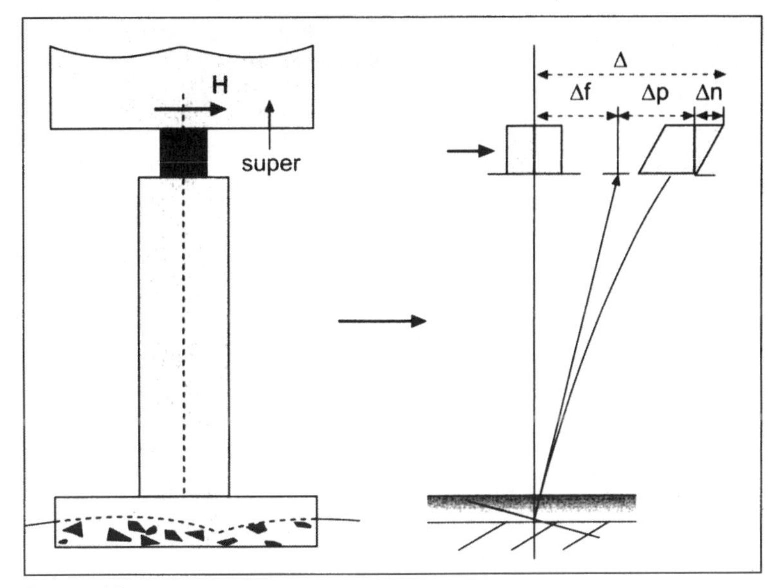

Figura 11

Portanto:

$$\left.\begin{aligned} \Delta_f &= \frac{H}{K_f} \\ \Delta_p &= \frac{H}{K_p} \\ \Delta_n &= \frac{H}{K_n} \end{aligned}\right\} \qquad [37]$$

Designando por K o coeficiente de rigidez global do pilar, deve ser:

$$\Delta = \frac{H}{K} \qquad [38]$$

Substituindo as expressões **[37]** e **[38]** na igualdade **[36]**, obtém-se:

$$\frac{H}{K} = \frac{H}{K_f} + \frac{H}{K_p} + \frac{H}{K_n}$$

ou:

$$\frac{1}{K} = \frac{1}{K_f} + \frac{1}{K_p} + \frac{1}{K_n} \qquad [39]$$

expressão que permite determinar o coeficiente de rigidez global do pilar.

No emprego prático da expressão **[39]** pode-se ter os seguintes casos particulares:

- a fundação não apresenta recalques:

$$K_f = \infty$$

e:

$$\frac{1}{K} = \frac{1}{K_p} + \frac{1}{K_n}$$

- a fundação não apresenta recalques e o aparelho de apoio é fixo:

$$K_f = K_n = \infty$$

e

$$\frac{1}{K} = \frac{1}{K_p} \quad \text{isto é,} \quad K = K_p$$

- o aparelho de apoio é móvel (ou deslizante, como no caso do neoflon, etc.):

$$K_n = 0$$

ou

$$\frac{1}{K_n} = \infty \quad \text{isto é,} \quad K = 0$$

(o coeficiente de rigidez global do pilar é nulo).

Nas pontes com estrutura em pórtico não ocorre a utilização de aparelhos de apoio, sendo rígida a ligação entre o suporte (pilar ou encontro) e a superestrutura. Nesse caso, o coeficiente de rigidez do pilar levará em conta apenas as parcelas relativas do fuste e a fundação.

Supondo, por exemplo, um pilar prismático com fundação direta não sujeita a recalque (Fig. 12), o ponto de inflexão do eixo fletido situa-se a meia altura do pilar; se a força H age segundo um eixo central de inércia da seção do pilar, tem-se:

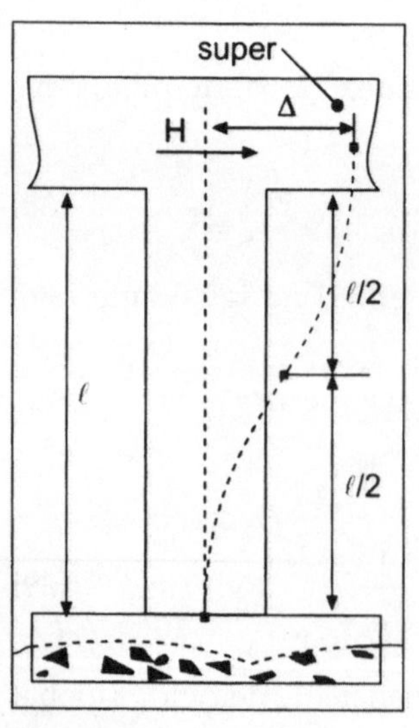

Figura 12

$$\frac{\Delta}{2} = \frac{H\left(\frac{\ell}{2}\right)^3}{3\,EI}$$

ou

$$H = \frac{12\,EI}{\ell^3} \cdot \Delta$$

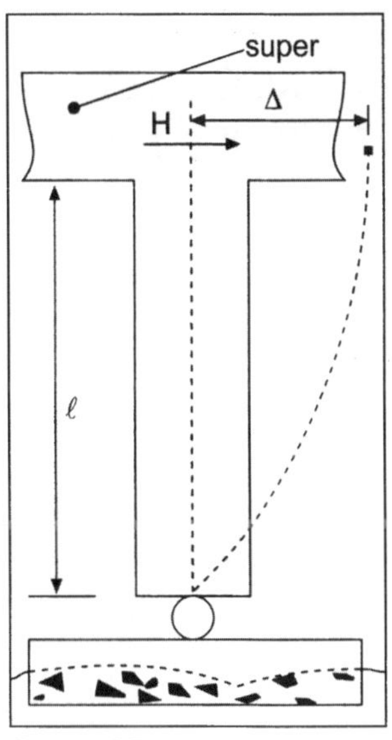

Figura 13

Portanto:

$$K = \frac{12\ EI}{\ell^3} \quad [40]$$

Se o pilar prismático apresentar uma articulação na seção da base, Figura 13, o coeficiente de rigidez tem a expressão já conhecida:

$$K = \frac{3\ EI}{\ell^3} \quad [6]$$

Finalmente, se a linha de ação da força H, que age no topo do pilar, não coincidir com um dos eixos centrais de inércia da seção, para a determinação do coeficiente de rigidez valem as considerações do item 2.2. No caso de pilar com inércia variável, para o cálculo do coeficiente de rigidez, podem ser adotadas as indicações do item 2.1 - b.

2.4 ■ LIMITES DE APLICAÇÃO

Em todas as aplicações do conceito de coeficiente de rigidez na solução do problema da distribuição de ações horizontais pelos suportes de pontes, conforme as considerações a serem apresentadas nos itens seguintes, acha-se implícito que os deslocamentos relacionados a esse conceito são pequenos, isto é, trata-se de problema pertencente à teoria de 1.ª ordem, de modo que não serão levadas em conta as forças normais de compressão nos pilares, representadas pelas reações de apoio da superestrutura e pelo peso próprio do pilar; esta condição é verificada, com precisão suficiente, nos estados limites de serviço ou utilização da grande maioria das pontes, com pilares de pequena e média alturas. O problema da distribuição de ações horizontais em pontes com pilares esbeltos e de grande altura, necessariamente tratado pela teoria de 2.ª ordem, deve merecer estudos mais elaborados, para sua solução.

Capítulo 3

DISTRIBUIÇÃO DE AÇÕES HORIZONTAIS NOS ELEMENTOS DA INFRA-ESTRUTURA DE PONTES DE VIGAS

A designação de "pontes de vigas" se refere a pontes cuja estrutura principal da superestrutura é constituida por vigas. Todas as considerações apresentadas a seguir serão relativas a esse tipo de pontes.

3.1 CASO DE PONTES DE SUPERESTRUTURA SEM JUNTAS

No caso geral de distribuição de ações horizontais, o tabuleiro estará sujeito à ação simultânea de uma força H e de um momento aplicado M; a distribuição dessas ações pelos diferentes pilares da ponte será obtida considerando-se a superposição dos efeitos provocados, separadamente, por H e M.

O tabuleiro será considerado como rígido e representado por uma chapa apoiada em n suportes, os quais, a seguir, serão designados apenas por pilares. Admite-se como conhecidos os coeficientes de rigidez globais principais K_{1i} e K_{2i} relativos a cada pilar P_i (i = 1 a n) (Fig. 14).

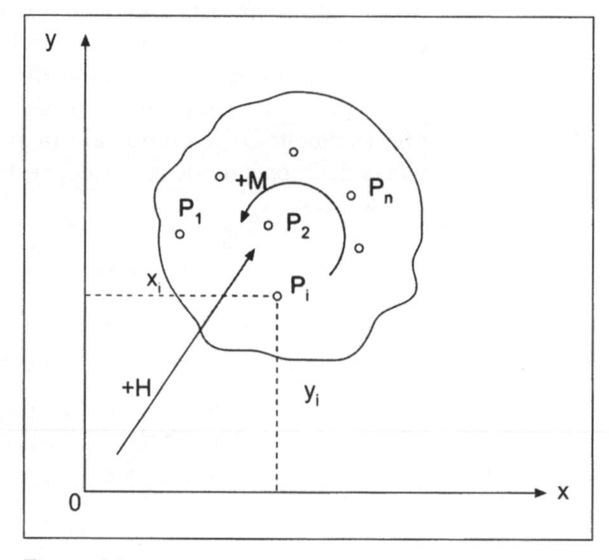

Figura 14

A posição dos pilares será referida a um sistema de coordenadas ortogonais Oxy, arbitrariamente localizado no plano do tabuleiro; para o pilar genérico P_i têm-se as coordenadas $x_{(i)}$, $y_{(i)}$. As projeções da força H nos eixos coordenados serão designadas por H_x e H_y, sobre os eixos Ox e Oy, respectivamente.

No pilar genérico P_i, os efeitos da ação simultânea de H e M serão representados pelos esforços:

- na direção Ox: $Hx(i) = H1x(i) + H2x(i)$
- na direção Oy: $Hy(i) = H1y(i) + H2y(i)$ **[41]**
- torção: $T1\,(i)$

em que:

- o índice 1 caracteriza os efeitos do momento M;
- o índice 2 caracteriza os efeitos da força H.

As expressões **[41]** têm, evidentemente, carater algébrico. Como condições de verificação, com base no equilíbrio da superestrutura na posição deformada dos pilares, devem ser satisfeitas as seguintes expressões:

$$\left.\begin{array}{r} \sum_{i=1}^{n} H1x(i) = 0 \qquad \sum H2x(i) = Hx \\ \sum_{i=1}^{n} H1y(i) = 0 \qquad \sum H2x(i) = Hy \\ \sum_{i=1}^{n} Hx(i)y(i) + \sum_{i=1}^{n} Hy(i)x(i) + \sum_{i=1}^{n} T1(i) = M \end{array}\right\} \quad [42]$$

Quando o aparelho de apoio for de neoprene, tem-se $T1(i) \cong 0$, isto é, a torção sobre o pilar como efeito da ação do momento aplicado M tem valor desprezível; em conseqüência, se todos os pilares da ponte apresentarem aparelhos de apoio de neoprene, pode-se admitir, sem erro sensível:

$$\sum_{i=1}^{n} T1(i) = 0$$

3.1.1 □ Ação de um momento aplicado M

Considere-se o tabuleiro da Fig. 14 submetido apenas à ação de um momento aplicado M. Em conseqüência, o tabuleiro sofrerá uma rotação de um ângulo $\Delta\theta$ em relação ao seu centro de rotação C, cuja posição deve ser determinada; sendo o tabuleiro considerado rígido, essa rotação se transmite ao topo de todos os pilares.

A análise do problema, para este caso de solicitação é a seguir apresentada e, em suas linhas básicas, fundamentada no item (4) da Bibliografia.

Considerando o pilar genérico P_i (para facilitar a notação, o índice **i** será omitido nas expressões seguintes, enquanto forem feitas considerações relativas apenas ao pilar P_i), sejam (Fig. 15):

G = centro de gravidade da seção do topo do pilar;

C = centro de rotação do tabuleiro apoiado em n pilares;

0xy = sistema de coordenadas ortogonais, arbitrariamente localizado;

Cx_0y_0 = sistema de coordenadas com origem no centro de rotação C, com eixos paralelos aos do sistema Oxy, respectivamente;

Gx_1y_1 = sistema de coordenadas com origem no centro de gravidade G, com eixos paralelos aos do sistema Oxy, respectivamente;

θ = ângulo que a reta CG faz com o eixo Cx_0;

$\Delta\theta$ = variação do ângulo C, como efeito da ação do momento M (positivo no sentido anti-horário);

$\overline{CG} = r$ distância do centro de gravidade G ao centro de rotação C;

G_{12} = eixos centrais de inércia da seção do topo do pilar (suas posições são supostas conhecidas);

Δ = deslocamento de G, normalmente à reta CG devido à rotação elementar AD;

α = ângulo entre o eixo central de inércia G1 e o eixo Gx1 (valor suposto conhecido);

Δx, Δy = projeções do deslocamento Δ nas direções Gx1 e Gy1, respectivamente;

X_G, Y_G = coordenadas de G em relação ao sistema de coordenadas, Gx_0y_0;

x_0, y_0 = coordenadas de C em relação ao sistema de coordenadas Oxy;

x, y = coordenadas de G em relação ao sistema de coordenadas Oxy.

Sendo Δ normal a CG, a reta CG representa a linha neutra na flexão do pilar P_i, sob a ação do momento M aplicado ao tabuleiro da ponte.

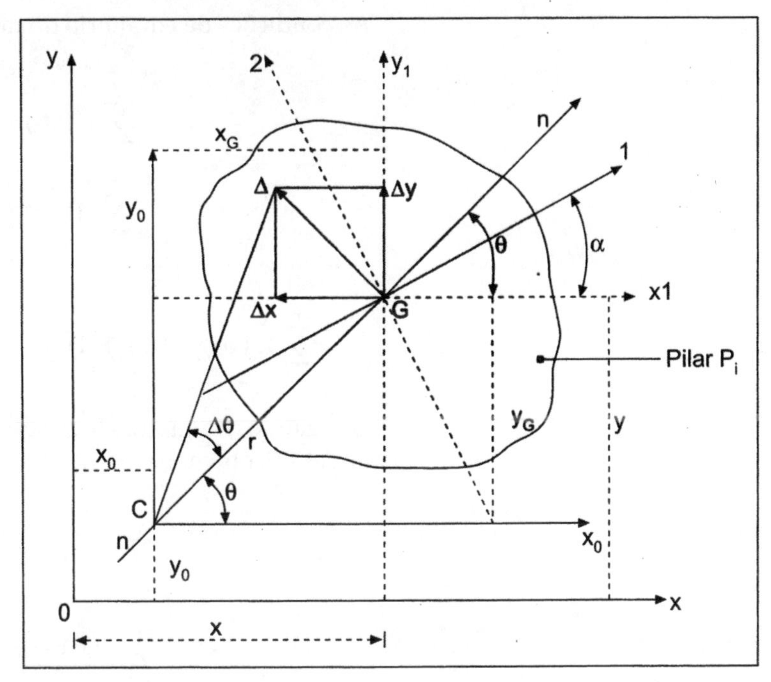

Figura 15

Tem-se:

$$x_G = r\cos\theta \qquad \Delta x = -\Delta\cos(90-\theta) = -\Delta\,\text{sen}\,\theta$$
$$y_G = r\,\text{sen}\,\theta \qquad \Delta y = \Delta\,\text{sen}\,(90-\theta) = \Delta\cos\theta$$
$$\Delta = r\Delta\theta$$

Portanto:

$$\left.\begin{aligned} \Delta x &= -r\,\text{sen}\theta\cdot\Delta\theta = -y_G\Delta\theta \\ \Delta y &= r\cos\theta\cdot\Delta\theta = x_G\Delta\theta \end{aligned}\right\} \quad \textbf{[43]}$$

As forças H1x e H1y que surgem no topo do pilar P_1, nas direções de Gx1 e Gy1, respectivamente, serão:

$$H1x = K_x\Delta x$$

e:

$$H1y = K_y\Delta y$$

ou, como as expressões **[43]**

e:

$$\left.\begin{aligned} H1x &= -K_x y_G\Delta\theta \\ H1y &= K_y x_G\Delta\theta \end{aligned}\right\} \quad \textbf{[44]}$$

sendo:

K_x = coeficiente de rigidez global do pilar P_i na direção Gx1;

K_y = coeficiente de rigidez global do pilar P_i na direção Gy1.

As condições de equilíbrio do tabuleiro são:

$$\left.\begin{aligned} &\sum_{i=1}^{n} H1x(i) = 0 \\ &\sum_{i=1}^{n} H1y(i) = 0 \end{aligned}\right\} \qquad [45]$$

$$\sum_{i=1}^{n} H1x(i)y_G(i) + \sum_{i=1}^{n} H1y(i)x_G(i) + \sum_{i=1}^{n} T1(i) = M \qquad [46]$$

Utilizando as equações **[44]** nas expressões **[45]** e considerando que $\Delta\theta \neq 0$, obtém-se:

$$\left.\begin{aligned} &\sum_{i=1}^{n} \kappa_x(i)y_G(i) = 0 \\ &\sum_{i=1}^{n} \kappa_y(i)x_G(i) = 0 \end{aligned}\right\} \qquad [47]$$

Por outro lado, a Figura 15 mostra que:

$$\left.\begin{aligned} y_G(i) &= y(i) - y_0 \\ x_G(i) &= x(i) - x_0 \end{aligned}\right\} \qquad [48]$$

Com as equações **[48]**, as expressões **[47]** conduzem às relações:

$$\left.\begin{aligned} &\sum_{i=1}^{n} \kappa_x(i)[y(i) - y_0] = 0 \quad \text{ou} \quad y_0 = \frac{\sum_{i=1}^{n} \kappa_x(i)y(i)}{\sum_{i=1}^{n} \kappa_x(i)} \\ &\sum_{i=1}^{n} \kappa_y(i)[x(i) - x_0] = 0 \quad \text{ou} \quad y_0 = \frac{\sum_{i=1}^{n} \kappa_y(i)x(i)}{\sum_{i=1}^{n} \kappa_y(i)} \end{aligned}\right\} \qquad [49]$$

As coordenadas x_0, y_0 fornecidas pelas expressões **[49]** determinam a posição do centro de rotação C do tabuleiro em relação aos eixos Ox e Oy.

O momento de torção T1(i) no topo do pilar genérico P_i relaciona-se com o ângulo de torção $\Delta\theta$ segundo a expressão:

$$T1\,(i) = \kappa_t(i) \cdot \Delta\theta \qquad [50]$$

sendo $\kappa_t(i)$ o coeficiente de rigidez global à torção do pilar P_i, coeficiente que pode ser definido como numericamente igual ao momento de torção necessário para provocar o ângulo de torção unitário na seção do topo do pilar.

Utilizando as expressões **[44]** e **[50]** na equação **[46]**, obtém-se:

$$\Delta\theta\left[-\sum_{i=1}^{n}\kappa_x(i)y_G(i)^2+\sum_{i=1}^{n}\kappa_y(i)x_G(i)^2+\sum_{i=1}^{n}\kappa_t(i)\right]=M$$

e usando as expressões **[48]**, vem:

$$\Delta\theta\left\{-\sum_{i=1}^{n}\kappa_x(i)[y(i)-y_0]^2+\sum_{i=1}^{n}\kappa_y(i)[x(i)-x_0]^2+\sum_{i=1}^{n}\kappa_t(i)\right\}=M$$

Fazendo:

$$S=\left\{-\sum_{i=1}^{n}\kappa_x(i)[y(i)-y_0]^2+\sum_{i=1}^{n}\kappa_y(i)[x(i)-x_0]^2+\sum_{i=1}^{n}\kappa_t(i)\right\}=M$$

[51]

deduz-se que:

$$\Delta\theta=\frac{M}{S} \qquad [52]$$

Portanto, das expressões **[44]** e **[48]**, deduz-se que os esforços no topo do pilar genérico P_i serão:

$$\left.\begin{aligned} H1x(i)&=-\kappa_x(i)\cdot[y(i)-y_0]\cdot\frac{M}{S}\\ H1y(i)&=\kappa_y(i)\cdot[x(i)-x_0]\cdot\frac{M}{S}\\ T1(i)&=\kappa_t(i)\cdot\frac{M}{S}\end{aligned}\right\} \qquad [53]$$

Deve-se observar que os coeficientes de rigidez globais $\kappa_x(i)$ e $\kappa_y(i)$ são calculados de acordo com as indicações do item 2.3; quanto ao coeficiente de rigidez global a torção $\kappa_t(i)$, o seu valor depende, além das características geométricas do pilar e do seu módulo de elasticidade transversal **G**, também do tipo de aparelho de apoio e da natureza da fundação do pilar.

Conforme já se fez referência, se o aparelho de apoio for de neoprene, o valor de $\kappa_t(i)$ é praticamente desprezível no cálculo do valor de **S** na expressão **[51]**; nesse caso, $T1(i) \cong 0$ no pilar e a

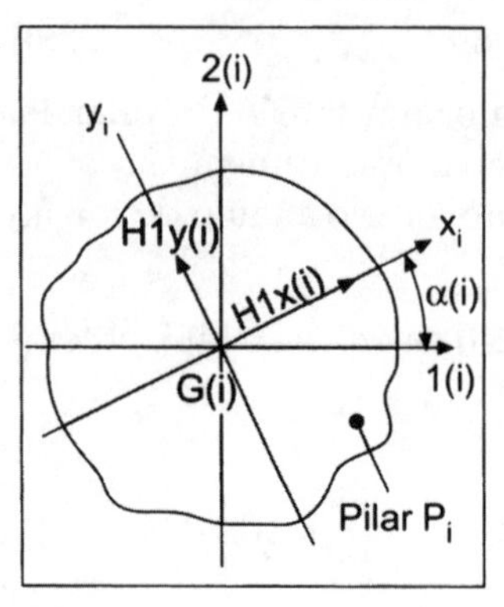

Figura 16

absorção da parcela correspondente do momento aplicado M se faz praticamente apenas pelos momentos resistentes devidos às componentes H1x(i) e H1y(i).

Conhecidos os valores de H1x(i) e H1y(i) no pilar genérico P_i, de acordo com as expressões **[53]**, os valores das forças H11(i) e H12(i) que agem segundo os eixos centrais de inércia G1(i) e G2(i), respectivamente, e que serão utilizados posteriormente no dimensionamento do pilar, Figura 16, serão dados por:

$$\left.\begin{aligned} H11(i) &= H1x(i)\cos\alpha(i) - H1y(i)\ \text{sen}\ \alpha(i) \\ H12(i) &= H1x(i)\ \text{sen}\ \alpha(i) + H1y(i)\cos\alpha(i) \end{aligned}\right\} \qquad \textbf{[54]}$$

Exemplo 2

Determinar os esforços que agem no topo dos pilares da ponte em curva circular, indicada em planta na Figura 17, sob a ação do momento aplicado M = 200 tfm, utilizando os seguintes dados:

- raio de curvatura do eixo da ponte: r=120m
- coeficientes de rigidez globais principais dos pilares:

Pilar 1: K_{11} = 2000 tf/m K_{21} =8000 tf/m
Pilar 2: K_{12} = 800 tf/m K_{22} =3200 ff/m
Pilar 3: K_{13} = 500 tf/m K_{23} =2000 tf/m
Pilar 4: K_{14} = 1000 tf/m K_{24} =4000 tf/m
Pilar 5: K_{15} = 3600 tf/m K_{25} =9000 tf/m

Os aparelhos de apoio são de neoprene (assumir $\kappa_t(i) \cong 0$).

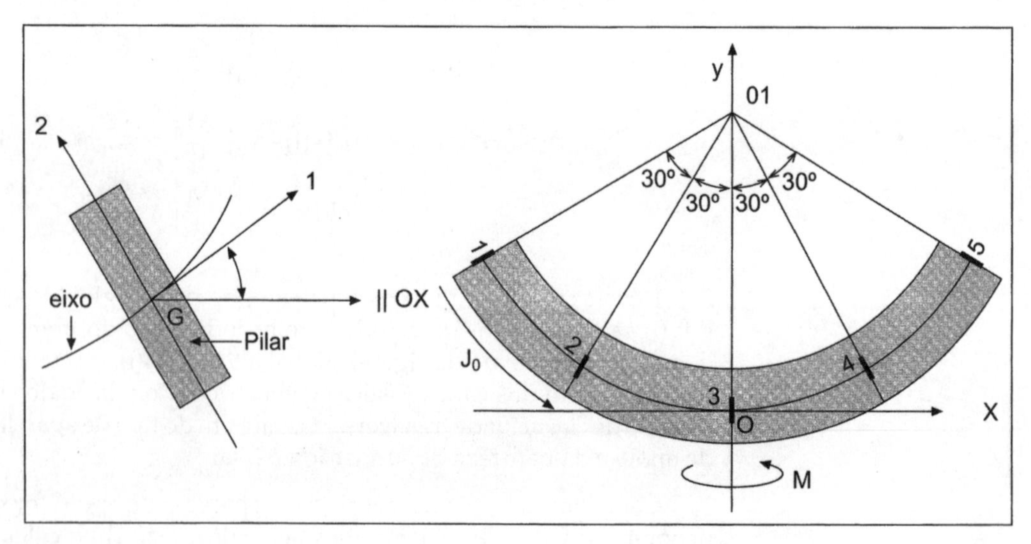

Figura 17

Solução:

Escolhendo o sistema de eixos Oxy como se indica na figura, obtém-se para a equação da curva circular:

$$y = r - \sqrt{r^2 - x^2}$$

Tem-se:

$\alpha_1 = 60°$

$\alpha_2 = 30°$

$\alpha_3 = 0°$

$\alpha_4 = -30°$

$\alpha_5 = -60°$

$$s_0 = r\varphi = 120 \cdot \pi/6 = 20\pi \text{ m}$$

Coordenadas do centro de gravidade de cada pilar:

$G1[-60\sqrt{3}, 60]$, $G2[-60, 60(2-\sqrt{3})$, $G3[0,0]$, $G4[60, 60(2-\sqrt{3})]$, $G5[60\sqrt{3}, 60]$

a) ***Cálculo dos coeficientes de rigidez $\kappa_x(i)$ e $\kappa_y(i)$***

Utilizando as expressões **[34]** e **[35]**

Pilar 1:

$$\kappa_x(1) = \frac{2000 \cdot 8000}{2000 \text{ sen}^2 60 + 8000 \cos^2 60} = 4571,429 \text{ tf/m}$$

$$\kappa_y(1) = \frac{2000 \cdot 8000}{2000 \cos^2 60 + 8000 \text{ sen}^2 60} = 2461,539 \text{ tf/m}$$

Pilar 2:

$$\kappa_x(2) = \frac{800 \cdot 3200}{800 \text{ sen}^2 30 + 3200 \cos^2 30} = 984,615 \text{ tf/m}$$

$$\kappa_y(2) = \frac{800 \cdot 3200}{800 \cos^2 30 + 3200 \text{ sen}^2 30} = 1828,571 \text{ tf/m}$$

Pilar 3:

$$\kappa_x(3) = \kappa 13 = 500 \text{ tf/m}$$

$$\kappa_y(3) = \kappa 23 = 2000 \text{ tf/m}$$

Pilar 4:

$$\kappa_x(4) = \frac{1000 \cdot 4000}{1000 \text{ sen}^2 30 + 4000 \cos^2 30} = 1230,769 \text{ tf/m}$$

$$\kappa_y(4) = \frac{1000 \cdot 4000}{1000 \cos^2 30 + 4000 \text{ sen}^2 30} = 2285,714 \text{ tf/m}$$

Pilar 5:

$$\kappa_x(5) = \frac{3600 \cdot 9000}{3600 \text{ sen}^2 60 + 9000 \cos^2 60} = 6578,680 \text{ tf/m}$$

$$\kappa_y(5) = \frac{3600 \cdot 9000}{3600 \cos^2 60 + 9000 \text{ sen}^2 60} = 4235,294 \text{ tf/m}$$

b) ***Centro de rotação***

Utiliza-se as expressões **[49]**.

$$x_0 = \frac{\sum \kappa_y(i) \cdot x(i)}{\sum \kappa_y(i)} \qquad y_0 = \frac{\sum \kappa_y(i) \cdot y(i)}{\sum \kappa_x(i)}$$

$\Sigma\kappa_x(i) = 4.571{,}429 + 984{,}615 + 500 + 1.230{,}769 + 6.578{,}680 =$
$= 13.865{,}493$ tf/m

$\Sigma\kappa_y(i) = 2.461{,}539 + 1.828{,}571 + 2.000 + 2.285{,}714 + 4.235{,}294 =$
$= 12.811{,}118$ ff/m

$\Sigma\kappa_x(i) \cdot y(i) =$	$4.571{,}429 \cdot 60 =$	$274.285{,}740$
	$984{,}615 \cdot 60(2-\sqrt{3}) =$	$15.826{,}702$
	$500 \cdot 0 =$	0
	$1.230{,}769 \cdot 60(2-\sqrt{3}) =$	$19.783{,}381$
	$6.578{,}680 \cdot 60 =$	$394.720{,}800$
	$\Sigma =$	$704.616{,}623$

$\Sigma\kappa_y(i) \cdot x(i) =$	$2.461{,}539 \cdot (-60\sqrt{3}) =$	$-254.488{,}671$
	$1.828{,}571 \cdot (-60) =$	$-109.714{,}260$
	$2.000 \cdot 0 =$	0
	$2.285{,}714 \cdot 60 =$	$137.142{,}840$
	$4.235{,}294 \cdot 60\sqrt{3} =$	$437.870{,}106$
	$\Sigma =$	$210.810{,}014$

Portanto:

$$x_0 = \frac{210.810{,}014}{12.811{,}118} = 16{,}455 \text{ m}$$

$$y_0 = \frac{704.616{,}623}{13.865{,}493} = 50{,}818 \text{ m}$$

c) ***Esforços no topo dos pilares***

Para o cálculo de S, conforme a expressão **[51]** tem-se:

$\Sigma\kappa_x(i)\,[y(i) - y_0]^2 = 4.907.153{,}102$

$\Sigma\kappa_y(i)\,[x(i) - x_0]^2 = 83.636.113{,}637$

$\Sigma\kappa_t(i) \cong 0$

(resultados obtidos com a utilização dos valores já conhecidos).

Portanto:

$S = -4.907.153{,}1\,02 + 83.636.113{,}637 = 78.728.960{,}535$

Usando a expressão **[52]**:

$$\Delta\theta = \frac{M}{S} = \frac{200}{78.728.960,535} = \frac{1}{393.644,863}$$

Finalmente, com as expressões **[53]** obtêm-se as forças que agem nos pilares:

$$H1x(1) = -4.571,429 \cdot (60 - 50,818) \cdot \frac{1}{393.644,863} = -0,1066 \text{ tf}$$

$$H1x(2) = -984,615 \cdot (16,077 - 50,818) \cdot \frac{1}{393.644,863} = 0,0869 \text{ tf}$$

$$H1x(3) = -500 \cdot (0 - 50,818) \cdot \frac{1}{393.644,863} = 0,0645 \text{ tf}$$

$$H1x(4) = 1.230,769 \cdot (16,077 - 50,818) \cdot \frac{1}{393.644,863} = 0,1086 \text{ tf}$$

$$H1x(5) = -6.578,680 \cdot (60 - 50,818) \cdot \frac{1}{393.644,863} = -0,1534 \text{ tf}$$

$$\Sigma H1x(i) = 0$$

$$H1y(1) = 2.461,539 \cdot (-103,923 - 16,455) \cdot \frac{1}{393.644,863} = -0,7527 \text{ tf}$$

$$H1y(2) = 1.828,571 \cdot (-60 - 16,455) \cdot \frac{1}{393.644,863} = -0,3551 \text{ tf}$$

$$H1y(3) = 2.000 \cdot (0 - 16,455) \cdot \frac{1}{393.644,863} = -0,0836 \text{ tf}$$

$$H1y(4) = 2.285,714 \cdot (60 - 16,455) \cdot \frac{1}{393.644,863} = 0,2528 \text{ tf}$$

$$H1y(5) = 4.235,294 \cdot (103,923 - 16,455) \cdot \frac{1}{393.644,863} = -0,9410 \text{ tf}$$

$$\Sigma H1y(i) \cong 0$$

Nos pilares: $T1\ (i) \cong 0$

Verificação:

Considerando, por exemplo, a origem **O** do sistema Oxy como centro de momentos, tem-se (Fig. 18):

$$\sum_{i=1}^{n} = H1x(i) \cdot y(i) + \sum_{i=1}^{n} H1y(i) \cdot x(i) = \overline{M}$$

devendo ser $\overline{M} = M$

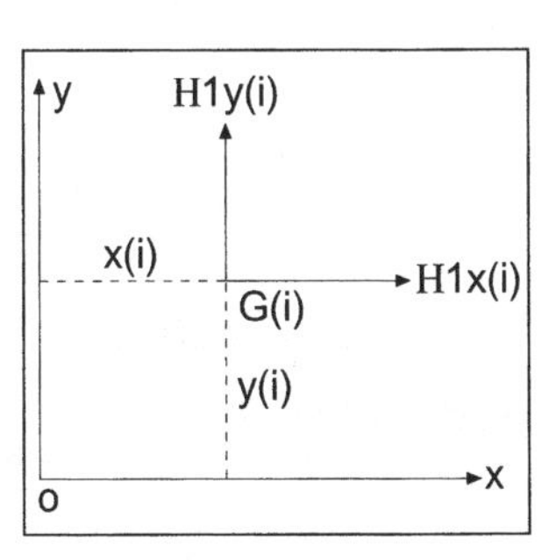

Figura 18

Utilizando os valores já calculados, vem:

$\Sigma H1x(i) \cdot y(i) = -0,1066 \cdot 60 + 0,0869 \cdot 16,077 + 0,0645 \cdot 0 + 0,1086 \cdot 16,077 - 0,1534 \cdot 60 = -12,456$ tfm

$\Sigma H1y(i) \cdot x(i) = -0,7527 \cdot (-103,923) - 0,3551 \cdot (-60) - 0,0836 \cdot 0 + 0,2528 \cdot 60 + 0,9410 \cdot 103,923 = 212,488$ tfm

Portanto:

$$\overline{M} = -12,456 + 212,488 \cong 200 \text{ tfm}$$

d) Forças segundo os eixos centrais de inércia

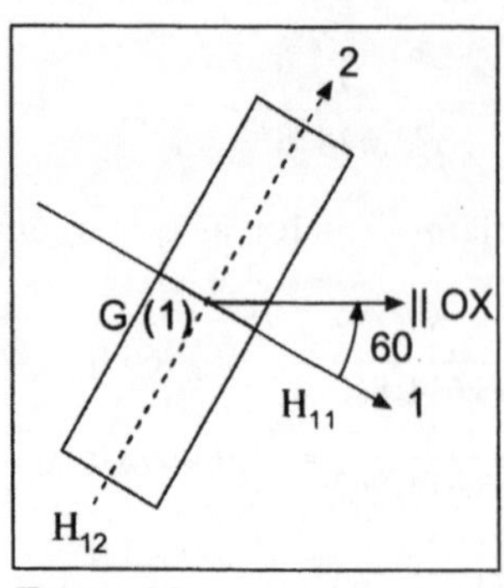

Figura 19

Utilizam-se as expressões **[54]**.

Pilar 1 (Fig. 19):

$$H_{11} = -0{,}1066 \cos 60 + 0{,}7527 \text{ sen } 60 = 0{,}5985 \text{ tf}$$

$$H_{12} = -0{,}1066 \text{ sen } 60 - 0{,}7527 \cos 60 = -0{,}4687 \text{ tf}$$

2
G (2)
H_{21}
|| OX
30
1
H_{22}

Figura 20

Pilar 2 (Fig. 20)

$$H_{21} = 0{,}0869 \cos 30 + 0{,}3551 \text{ sen } 30 = 0{,}2528 \text{ tf}$$

$$H_{22} = 0{,}0869 \text{ sen } 30 - 0{,}3551 \cos 30 = -0{,}2641 \text{ tf}$$

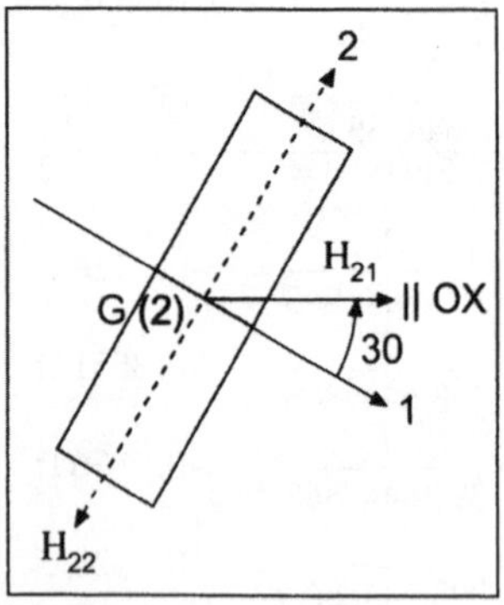

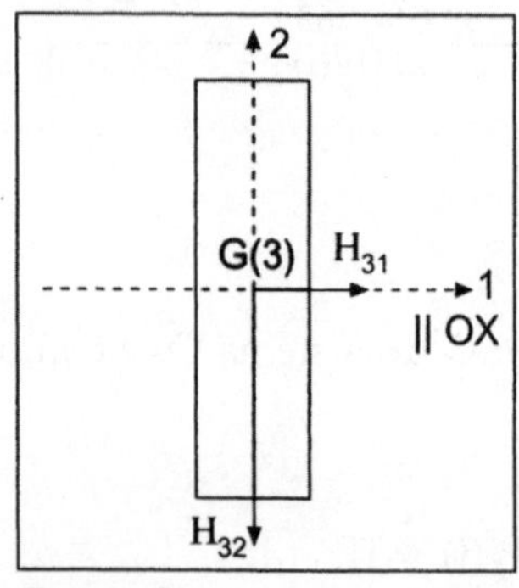

Figura 21

Pilar 3 (Fig. 21):

$$H_{31} = 0{,}0645 \text{ tf}$$

$$H_{32} = -0{,}0836 \text{ tf}$$

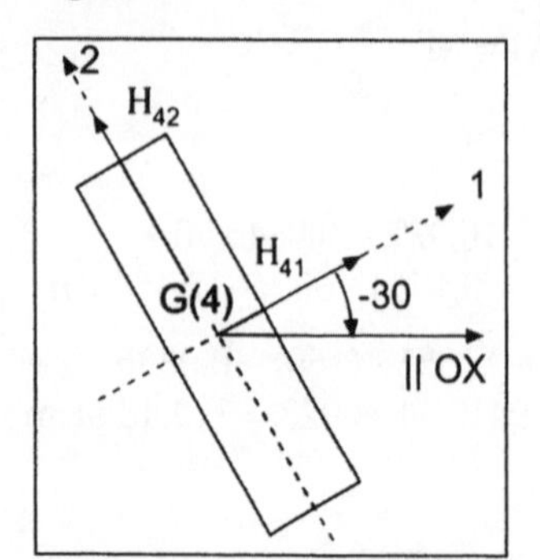

Figura 22

Pilar 4 (Fig. 22):

$$H_{41} = 0{,}1086 \cos (-30) - 0{,}2528 \text{ sen } (-30) = 0{,}2204 \text{ tf}$$

$$H_{42} = 0{,}1086 \text{ sen } (-30) + 0{,}2528 \cos (-30) = 0{,}1646 \text{ tf}$$

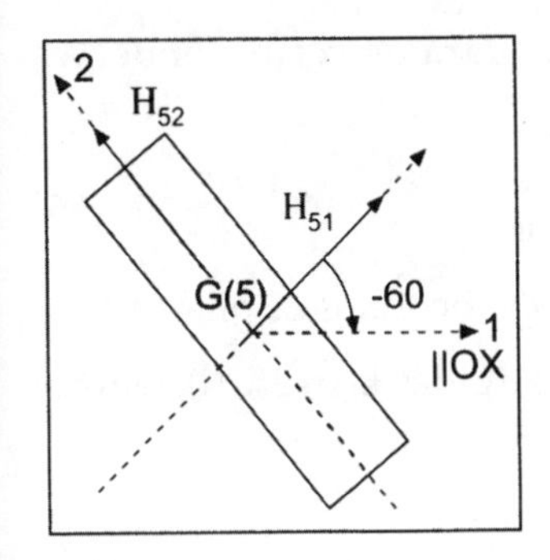

Figura 23

Pilar 5 (Fig. 23):

$$H_{51} = -0{,}1534 \cos(-60) - 0{,}9410 \text{ sen }(-60) = 0{,}7382 \text{ tf}$$

$$H_{52} = -0{,}1534 \text{ sen }(-60) + 0{,}9410 \cos(-60) = 0{,}6033 \text{ tf}$$

3.1.2 □ Ação de uma força horizontal H cuja linha de ação passa pelo centro de rotação

Considere-se, a seguir, a distribuição pelos pilares da ponte de uma força horizontal H cuja linha de ação contém o centro de rotação C de tabuleiro (Fig. 24). Seja φ o ângulo que essa linha de ação faz com o eixo ox.

Nessas condições, a força H não produzirá rotação do tabuleiro, mas apenas translação do mesmo; uma vez que o tabuleiro é considerado rígido, o deslocamento produzido Δ, no sentido da força H, será o mesmo no topo de todos os pilares.

Decompondo a força H segundo os eixos ox e oy, tem-se, respectivamente:

$$\begin{aligned} Hx &= H \cos \varphi \\ Hy &= H \text{ sen } \varphi \end{aligned} \qquad [55]$$

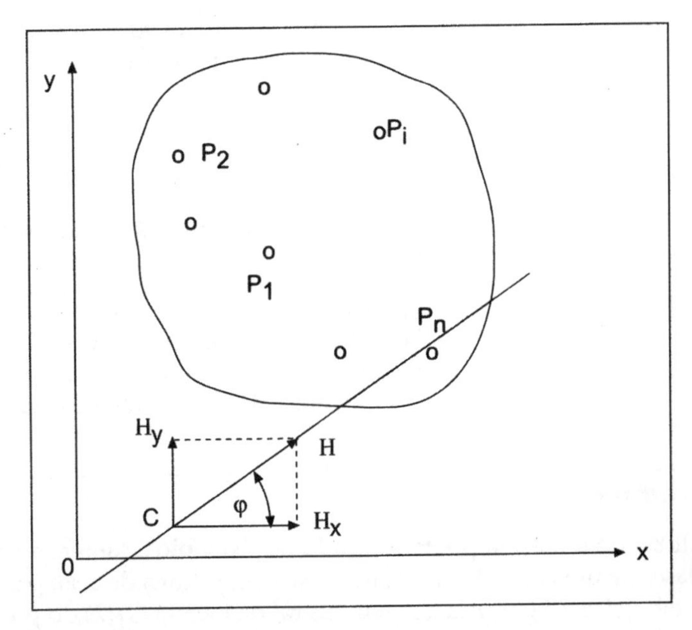

Figura 24

Por sua vez, o deslocamento Δ dará as correspondentes componentes:

$$\begin{aligned} Ax &= \Delta \cos \varphi \\ Ay &= \Delta \operatorname{sen} \varphi \end{aligned} \qquad [56]$$

isto é, também serão constantes no topo de todos os pilares.

Pela definição dos coeficientes de rigidez $\kappa_X(i)$ e $\kappa_y(i)$, tem-se:

a) Distribuição da componente H_x:

$$\Delta_x = \frac{H2x(1)}{\kappa_x(1)} = \frac{H2x(2)}{\kappa_x(2)} = ------ = \frac{H2x(n)}{\kappa_x(n)}$$

ou

$$\Delta_x = \frac{H2x(1) + H2x(2) + ------ + H2x(n)}{\kappa_x(1) + \kappa_x(2) + ------ + \kappa_x(n)} = \frac{\Sigma H2x(i)}{\Sigma \kappa_x(i)}$$

Mas: $\Sigma H2x\ (i) = Hx$

Portanto, no pilar genérico P_i, obtém-se:

$$H2x(i) = \frac{\kappa_x(i)}{\sum \kappa_x(i)} \cdot H_x \qquad [57]$$

sendo os coeficientes $k_x(i)$ obtidos a partir da expressão **[34]**.

b) Distribuição da componente H_y:

Por meio de um raciocínio análogo ao anterior, deduz-se que, no pilar genérico P_i, age a força:

$$H_y(i) = \frac{\kappa_y(i)}{\sum \kappa_y(i)} \cdot H_y \qquad [58]$$

em que os coeficientes $\kappa_y(i)$ são obtidos utilizando a expressão **[35]**.

Conhecidos os valores das componentes $H_x(i)$ e $H_y(i)$ no pilar genérico P_i, conforme as expressões **[57]** e **[58]**, as forças que, nesse pilar, agem segundo os eixos centrais de inércia serão obtidas com a utilização das expressões **[54]**.

Exemplo 3

Utilizando a mesma ponte indicada no Exemplo 2, determinar a distribuição em seus pilares de uma força horizontal H = 40 tf, cuja linha de ação passa pelo centro de rotação de tabuleiro e é paralela ao eixo central de inércia G1(2) do pilar P2 (Fig. 25).

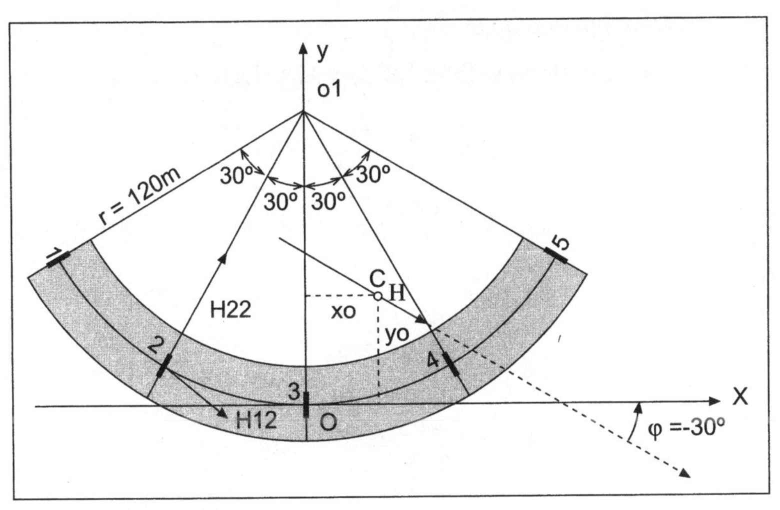

Figura 25

Solução

Adotando o sistema de coordenadas oxy indicado, tem-se (ver o exemplo 2):

$$x_0 = 16{,}455 \text{ m} \qquad y_0 = 50{,}818 \text{ m}$$

para as coordenadas do centro de rotação C.

Também: $\varphi = -30°$

Portanto: $H_x = H \cos\varphi = 40 \cos(-30) = 34{,}640$ tf

$H_y = H \operatorname{sen}\varphi = 40 \operatorname{sen}(-30) = -20$ tf

Utilizando os valores dos coeficientes de rigidez $\kappa_x(i)$ e $\kappa_y(i)$ já determinados no Exemplo 2, obtém-se:

*a) **Distribuição de H_x:***

Pela expressão **[57]**: $\Sigma\kappa_x(i) = 13.865{,}493$ tf/m

$$H_x(1) = \frac{4.571{,}429}{13.865{,}493} \cdot 34{,}640 = 11{,}421 \text{ tf}$$

$$H_x(2) = \frac{984{,}615}{13.865{,}493} \cdot 34{,}640 = 2{,}460 \text{ tf}$$

$$H_x(3) = \frac{500}{13.865{,}493} \cdot 34{,}640 = 1{,}249 \text{ tf}$$

$$H_x(4) = \frac{1.230{,}769}{13.865{,}493} \cdot 34{,}640 = 3{,}075 \text{ tf}$$

$$H_x(5) = \frac{6.578{,}680}{13.865{,}493} \cdot 34{,}640 = \underline{16{,}435 \text{ tf}}$$

$$\Sigma = 34{,}640 \text{ tf}$$

b) Distribuição de H_y:

Pela expressão **[58]**: $\Sigma\kappa_y(i) = 12.811{,}118$ tf/m

$$H_y(1) = \frac{2.461{,}539}{12.811{,}118} \cdot (-20) = -\ 3{,}843 \text{ tf}$$

$$H_y(2) = \frac{1.828{,}571}{12.811{,}118} \cdot (-20) = -\ 2{,}855 \text{ tf}$$

$$H_y(3) = \frac{2.000}{12.811{,}118} \cdot (-20) = -\ 3{,}122 \text{ tf}$$

$$H_y(4) = \frac{2.285{,}714}{12.811{,}118} \cdot (-20) = -\ 3{,}568 \text{ tf}$$

$$H_y(5) = \frac{4.235{,}294}{12.811{,}118} \cdot (-20) = -\ \underline{6{,}612 \text{ tf}}$$

$$\Sigma = -20{,}000 \text{ tf}$$

c) Esforços segundo os eixos centrais de inércia dos pilares

Com base nos valores acima calculados das forças $H_x(i)$ e $H_y(i)$, pode-se calcular as forças que agem segundo os eixos centrais de inércia de cada pilar da ponte, através do emprego das expressões **[54]**. Tratando-se de um cálculo imediato, não será o mesmo aqui desenvolvido.

3.1.3 □ Caso geral — Ação de uma força horizontal H qualquer

Quando a força horizontal H, aplicada ao tabuleiro da ponte, tem sua linha de ação com orientação qualquer, Fig. 26.a, a sua

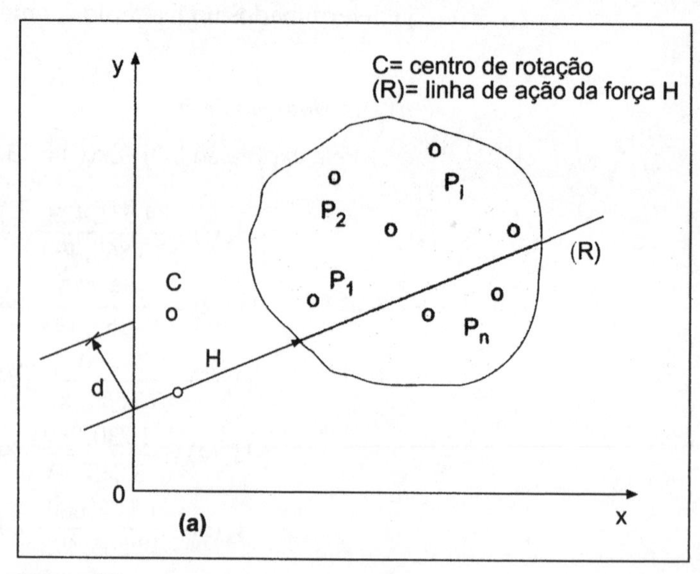

Figura 26-a

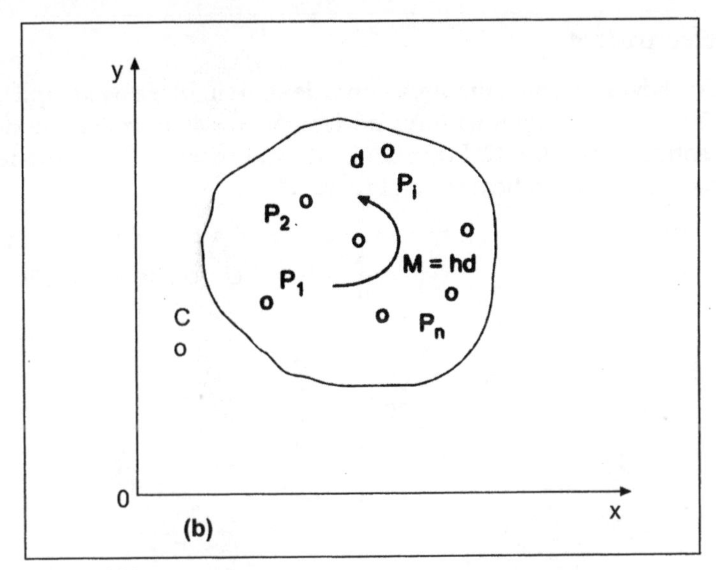

Figura 26-b

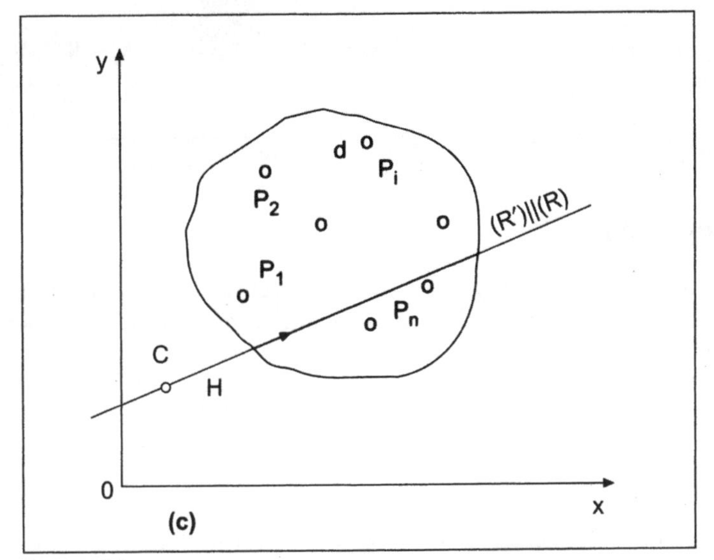

Figura 26-c

distribuição pelos pilares é feita transportando a linha de ação paralelamente a si mesma de modo a passar pelo centro de rotação do tabuleiro e considerando o respectivo momento de transporte M = Hd, sendo **d** a distância entre o centro de rotação e a linha de ação real da força. Dessa forma, a solução do problema é conduzida aos dois casos anteriores (itens 3.1.1 e 3.1.2), representados nas figuras 26.b e 26.c, respectivamente.

Os resultados finais, em cada pilar, serão obtidos pela superposição dos resultados parciais relativos aos dois casos de carregamento.

Exemplo 4

Considerando, novamente, a ponte de eixo circular do Exemplo 2, determinar a distribuição nos pilares de uma força horizontal H = 40 tf, cuja linha de ação é paralela ao eixo central de inércia G(2)1 do pilar 2 e distante d = 5 m do centro de rotação do tabuleiro, de acordo com as indicações da Figura 27.

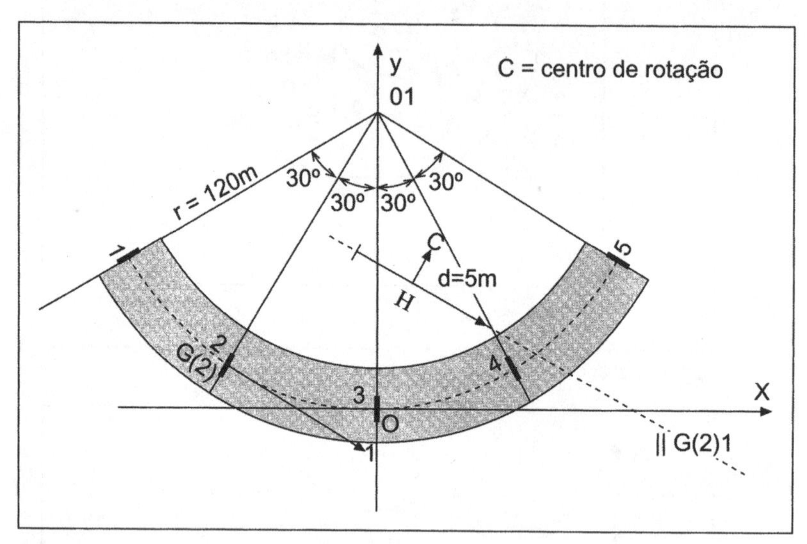

Figura 27

Solução

Transportando a força horizontal H paralelamente a si mesma, de forma que a sua linha de ação passe pelo centro de rotação C, tem-se sobre o tabuleiro a ação simultânea dos esforços:

$$M = 40 \cdot 5 = 200 \text{ tf/m}$$

$$H = 40 \text{ tf}$$

Os efeitos dessas ações correspondem aos resultados obtidos na solução dos Exemplos 2 e 3, respectivamente (Figs. 17 e 25).

Por superposição, os valores serão:

$$\begin{aligned}
H_x(1) &= -0{,}107 + 11{,}421 = 11{,}314 \text{ tf} \\
H_x(2) &= 0{,}087 + 2{,}460 = 2{,}547 \text{ tf} \\
H_x(3) &= 0{,}065 + 1{,}249 = 1{,}314 \text{ tf} \\
H_x(4) &= 0{,}109 + 3{,}075 = 3{,}184 \text{ tf} \\
H_x(5) &= -0{,}153 + 16{,}435 = 16{,}282 \text{ tf} \\
\Sigma &= 34{,}641 \text{ tf} \cong H_x
\end{aligned}$$

$$H_y(1) = -0{,}753 - 3{,}843 = -4{,}596 \text{ tf}$$
$$H_y(2) = -0{,}355 - 2{,}855 = -3{,}210 \text{ tf}$$
$$H_y(3) = -0{,}084 - 3{,}122 = -3{,}206 \text{ tf}$$
$$H_y(4) = 0{,}253 - 3{,}568 = -3{,}315 \text{ tf}$$
$$H_y(5) = 0{,}941 - 6{,}612 = -5{,}671 \text{ tf}$$
$$\Sigma = -19{,}998\text{tf} \cong H_y$$

em que, em cada linha:

- 1.ª parcela = efeito de M
- 2.ª parcela = efeito de H

e H_x e H_y são as componentes da força H segundo os eixos ox e oy, respectivamente.

As componentes da força horizontal em cada pilar segundo os respectivos eixos centrais de inércia serão obtidas, a partir dos valores acima de $H_x(i)$ e $H_y(i)$, usando as expressões **[54]** e são de fácil determinação.

3.1.4 □ Casos Particulares

Considerando a ocorrência freqüente, em problemas práticos, dos casos particulares a seguir indicados, serão aplicadas à sua solução as considerações apontadas nos itens anteriores.

3.1.4.1 — Frenagem ou Aceleração

O valor da força horizontal longitudinal devida à frenagem ou aceleração dos veículos, é fornecido pela NBR 7187 - item 7.2.1.5; no caso de pontes rodoviárias admite-se que essa força horizontal atue segundo o eixo da ponte (ou tangente a esse eixo, no caso de ponte em curva).

a) Pontes de eixo retilíneo

a1) Pontes ortogonais

Quando a ponte tem eixo retilíneo e ortogonal (ponte não esconsa), a distribuição da força de frenagem ou aceleração é um problema de simples solução (Fig. 28), para tabuleiro único.

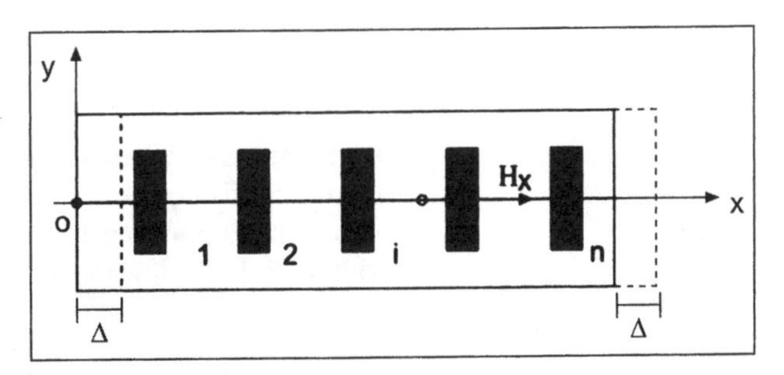

Figura 28

Sendo o deslocamento Δ constante (a superestrutura é considerada rígida), tem-se:

$$\Delta = \frac{H_x(1)}{\kappa 11} = \frac{H_x(2)}{\kappa 21} = \frac{H_x(3)}{\kappa 31} = --$$

$$--- = \frac{H_x(n)}{\kappa n1} = \frac{\sum H_x(i)}{\sum \kappa i1} = \frac{H_x}{\sum \kappa i1}$$

Portanto:

$$H_x(i) = \frac{\kappa_i 1}{\sum \kappa i1} \cdot H_x \qquad [59]$$

Para H_x deve-se adotar o mais desfavorável dos dois valores especificados pela NBR 7187 para a força de frenagem ou aceleração.

Por outro lado, sendo $\mathbf{H_y = 0}$, conclui-se que: $\mathbf{H_y(i) = 0}$ em todos os pilares.

A solução acima é a mesma quando a força horizontal longitudinal H_x for representada:

- pelo empuxo de terra E em uma das extremidades da ponte, não equilibrado por empuxo de terra de mesmo valor e de sentido oposto na outra extremidade (Fig. 29);
- pela sobrecarga E_0 no aterro em uma das extremidades da ponte (Fig. 29).

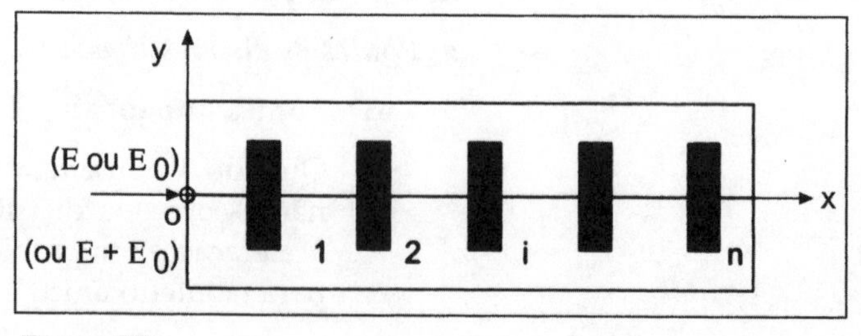

Figura 29

Quando, neste tipo de ponte, a superestrutura for constituída por diversos tabuleiros separados por juntas, a solução do problema da distribuição da ação horizontal da frenagem ou aceleração pelos pilares pode ser feita com a utilização do processo indicado no item 5 da Bibliografia.

Exemplo 5

Determinar a distribuição da força de frenagem ou aceleração nos pilares da ponte rodoviária representada na Figura 30, de acordo com as determinações da NBR 7187. A ponte é da classe 45 da NBR 7188.

Coeficientes de rigidez globais dos pilares:

$\kappa_{11} = 1.200$ tf/m, $\kappa_{21} = 800$ tf/m, $\kappa_{31} = 500$ tf/m, $\kappa_{41} = 600$ tf/m e $\kappa_{51} = 1.500$ tf/m

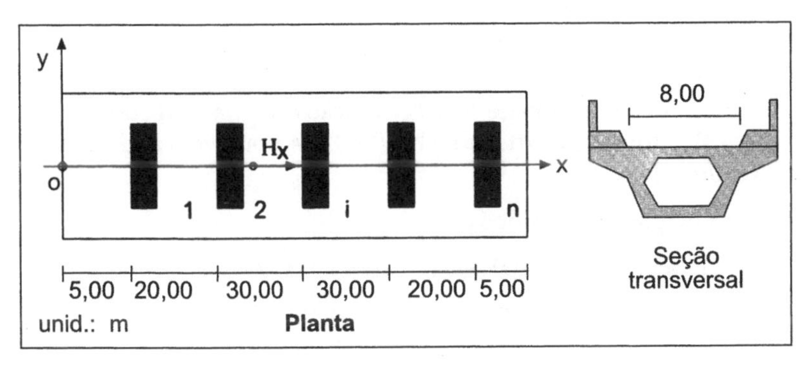

Figura 30

Solução

De acordo com a NBR 7187, deve-se utilizar para a força de frenagem ou aceleração H_x o maior dos valores (com base na NBR 7188):

$$H_x = 0{,}30 \cdot 45 = 13{,}50 \text{ tf}$$

ou

$$H_x = 0{,}05\,(0{,}500 \cdot 8{,}00 \cdot 110{,}00) = 22{,}00 \text{ tf}$$

com $\ell = 110$ m (comprimento da ponte).

Prevalece o valor: $H_x = 22{,}00$ tf

Distribuição dos pilares:

Conforme a expressão **[59]**:

$$\Sigma\kappa i1 = 1.200 + 800 + 500 + 600 + 1.500 = 4.600 \text{ tf/m}$$

$$H_x(1) = \frac{1.200}{4.600} \cdot 22{,}00 = 5{,}739 \text{ tf}$$

$$H_x(2) = \frac{800}{4.600} \cdot 22{,}00 = 3{,}826 \text{ tf}$$

$$H_x(3) = \frac{500}{4.600} \cdot 22{,}00 = 2{,}391 \text{ tf}$$

$$H_x(4) = \frac{600}{4.600} \cdot 22{,}00 = 2{,}870 \text{ tf}$$

$$H_x(5) = \frac{1.500}{4.600} \cdot 22{,}00 = \underline{7{,}174 \text{ tf}}$$

$$\Sigma = 22{,}00 \text{ tf}$$

a2) **Pontes esconsas**

Quando a ponte apresenta eixo retilíneo mas é esconsa, supondo todos os pilares com a mesma esconsidade (disposição que não precisa obrigatoriamente ocorrer), a distribuição da força de frenagem ou aceleração pelos pilares deve ser feita segundo os critérios gerais do item 3.1.3, conforme mostra o exemplo seguinte.

Exemplo 6

Determinar a distribuição da força de frenagem ou aceleração nos pilares da ponte rodoviária indicada na Figura 31, adotando o critério da NBR 7187. A ponte tem a esconsidade de 30° e é da classe 45 (NBR 7188).

Coeficientes de rigidez principais globais dos pilares:

Pilar 1: $\kappa_{11} = 1.200$ tf/m $\quad \kappa_{12} = 6.000$ tf/m

Pilar 2: $\kappa_{21} = 800$ tf/m $\quad \kappa_{22} = 4.000$ tf/m

Pilar 3: $\kappa_{31} = 600$ tf/m $\quad \kappa_{32} = 3.000$ tf/m

Pilar 4: $\kappa_{41} = 1.600$ tf/m $\quad \kappa_{42} = 8.000$ tf/m

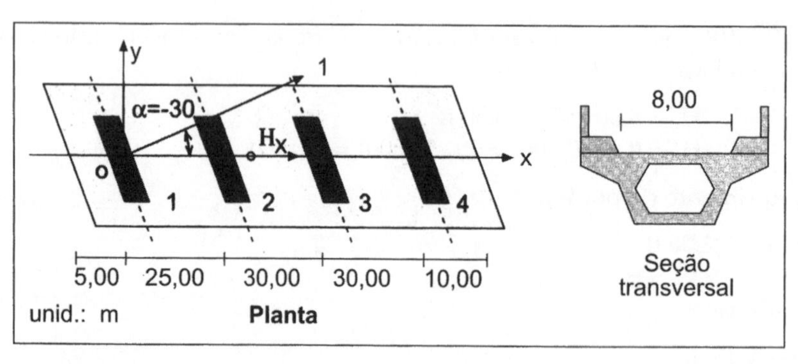

Figura 31

Solução :

1 - Determinação da força de frenagem ou aceleração

Conforme a NBR 7187:

$$H_x = 0{,}30 \cdot 45 = 13{,}50 \text{ tf}$$

ou

$$H_x = 0.05\,(0{,}500 \cdot 8{,}00 \cdot 100) = 20{,}00 \text{ tf}$$

com $\ell = 100$ m (comprimento da ponte)

Prevalece o valor: $H_x = 20{,}00$ tf

2 - Coordenadas do centro de rotação

Utilizam-se as expressões **[49]**; nota-se imediatamente que, sendo y(i) = 0 para todos os pilares tem-se $y_0 = 0$. Deduz-se que o centro de rotação do tabuleiro encontra-se sobre o eixo ox e que a força H_x passa por esse centro de rotação (portanto, a componente $H_y = 0$).

Em conseqüência, não ocorre rotação do tabuleiro e a distribuição de H_x pelos pilares é obtida utilizando apenas os coeficientes de rigidez $\kappa_x(i)$ dos mesmos. Não há, por essa razão, necessidade de determinar a coordenada x_0 do centro de rotação, neste caso. (Se a direção da força horizontal H aplicada ao tabuleiro não coincidir com ox, como poderia ocorrer, por exemplo, na ação do vento, a coordenada x_0 e, portanto, a posição do centro de rotação sobre o eixo ox, precisaria ser determinada para o estudo da distribuição de H pelos pilares da ponte.)

3 - Coeficientes de rigidez $\kappa_x(i)$

Utilizando a expressão **[34]**:

$$\kappa_x(1) = \frac{1.200 \cdot 6.000}{1.200\ \text{sen}^2 30 + 6.000 \cos^2 30} = 1.500\ \text{tf/m}$$

$$\kappa_x(2) = \frac{800 \cdot 4.000}{800\ \text{sen}^2 30 + 4.000 \cos^2 30} = 1.000\ \text{tf/m}$$

$$\kappa_x(3) = \frac{600 \cdot 3.000}{600\ \text{sen}^2 30 + 3.000 \cos^2 30} = 750\ \text{tf/m}$$

$$\kappa_x(4) = \frac{1.600 \cdot 8.000}{1.600\ \text{sen}^2 30 + 8.000 \cos^2 30} = 2.000\ \text{tf/m}$$

4 - Forças nos pilares

Da expressão **[57]**, tem-se:

$$\Sigma\kappa_x(i) = 1.500 + 1.000 + 750 + 2.000 = 5.250\ \text{tf/m}$$

$$H_x(1) = \frac{1.500}{5.250} \cdot 20 = 5{,}714\ \text{tf}$$

$$H_x(2) = \frac{1.000}{5.250} \cdot 20 = 3{,}810\ \text{tf}$$

$$H_x(3) = \frac{750}{5.250} \cdot 20 = 2{,}857\ \text{tf}$$

$$H_x(4) = \frac{2.000}{5.250} \cdot 20 = 7{,}619\ \text{tf}$$

$$\Sigma = 20{,}000\ \text{tf}$$

Nas direções dos eixos centrais de inércia dos pilares as forças serão, de acordo com as expressões **[54]** (lembrando que $H_y(i) = 0$):

Pilar 1:	H_{11} = 5,714 cos (–30) =	4,948 tf
	H_{12} = 5,714 sen (–30) =	–2,857 tf
Pilar 2:	H_{21} = 3,810 cos (–30) =	3,300 tf
	H_{22} = 3,810 sen (–30) =	–1,905 tf
Pilar 3:	H_{31} = 2,857 cos (–30) =	2,474 ff
	H_{32} = 2,857 sen (–30) =	–1,429 tf
Pilar 4:	H_{41} = 7,619 cos (–30) =	6,598 tf
	H_{42} = 7,619 sen (–30) =	3,810 tf

A orientação dessas forças em cada pilar acha-se indicada na Figura 32.

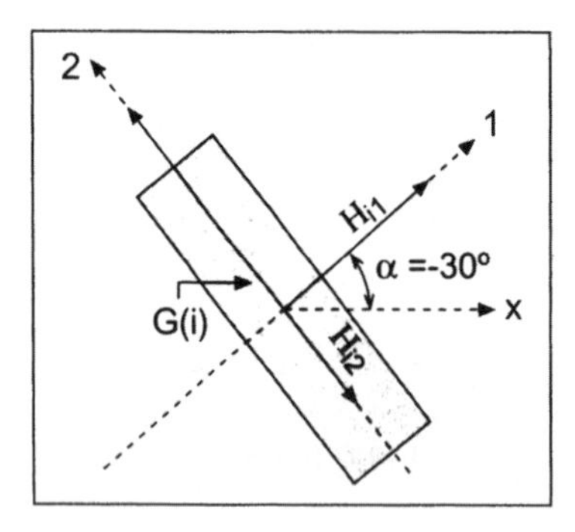

Figura 32

b) Pontes curvas

No caso de ponte com eixo em curva circular, a distribuição da força de frenagem ou aceleração deve ser feita analisando as duas alternativas previstas na NBR 7187, isto é, determinar e comparar, em cada pilar, os efeitos, de um lado, da força horizontal concentrada constituída pela parcela de 30% do peso do veículo-tipo utilizado no projeto da ponte e, de outro lado, da força representada por 5% da carga móvel uniformemente distribuída ao longo do eixo da ponte e carregando apenas a pista de rolamento.

b1) Força horizontal concentrada

Essa força deve ser admitida como aplicada no ponto do eixo correspondente ao centro de gravidade do pilar em exame, com linha de ação tangente ao eixo da ponte; sua linha de ação coincide, portanto, com o eixo central de inércia G(i)1 desse pilar (Fig. 33). A solução do problema da distribuição da força assim aplicada recai, normalmente, no caso geral tratado no item 3.1.3, devendo-se determinar previamente a posição do centro de rotação do tabuleiro da ponte.

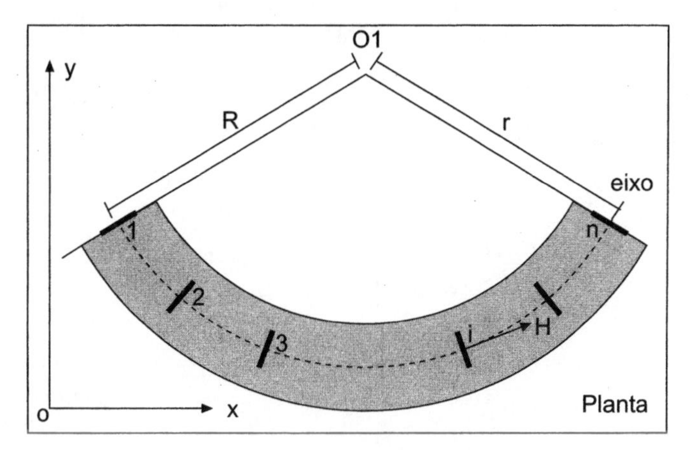

Figura 33

b2) Força horizontal uniformemente distribuída

Designando por "p" a carga uniformemente distribuída ao longo do eixo da ponte, representando a força de frenagem ou aceleração é obtida segundo as indicações da NBR 7187, deve-se determinar a sua resultante, antes de calcular a correspondente distribuição pelos pilares da ponte (Fig. 34).

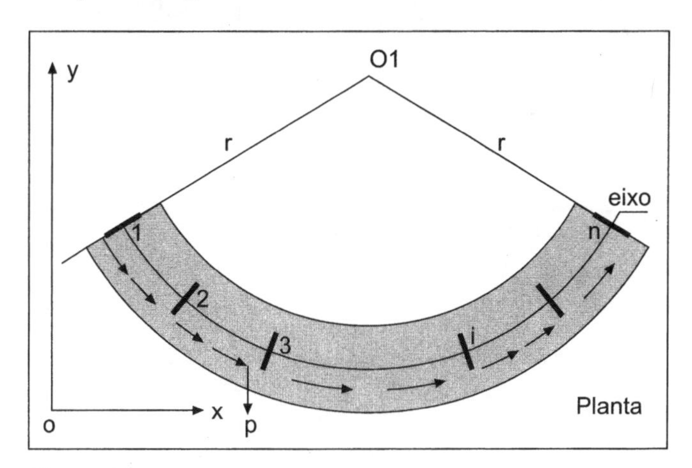

Figura 34

Para a determinação da referida resultante considere-se um elemento $\mathbf{d_s}$ do eixo da ponte, ao qual corresponde a força tangencial elementar central $\mathbf{pd_s}$ e o ângulo elementar central $\mathbf{d\alpha}$ (Fig. 35); designando por $\boldsymbol{\alpha_0}$ o ângulo central correspondente à metade do arco circular que constitui o eixo da ponte, as componentes **dH** e **dV** de $\mathbf{pd_s}$ serão:

$$dH = p \cdot d_s \cdot \cos(\alpha - \alpha_o) \quad \text{e} \quad dV = p \cdot d_s . \operatorname{sen}(\alpha - \alpha_o)$$

em que o ângulo α varia de 0 a $2\alpha_0$.

Mas:

$$d_s = r d\alpha$$

Portanto:

$$dH = p\ r \cos(\alpha - \alpha_0)\ d\alpha \quad e \quad dV = p\ r\ \text{sen}\ (\alpha - \alpha_0)\ d\alpha$$

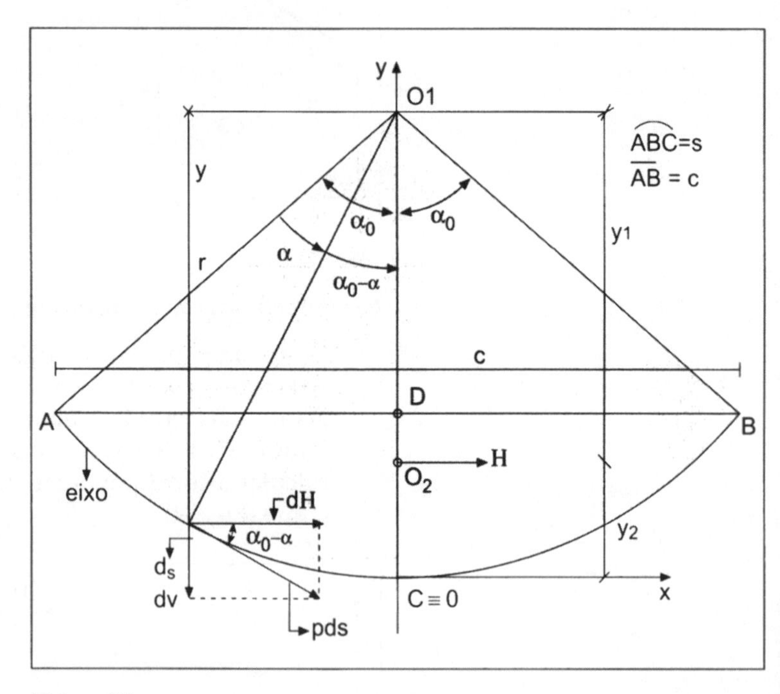

Figura 35

Mas:

$$H = 2\int_0^{\alpha_0} dH$$

ou

$$H = 2pr\int_0^{\alpha_0} \cos(\alpha_0 - \alpha) d\alpha$$

Obtém-se: $H = 2\ p\ r\ \text{sen}\ \alpha_0$

Sendo $\overline{AB} = c$ o comprimento da corda do arco de comprimento **s** (Fig. 35), vem:

$$r\ \text{sen}\ \alpha_0 = \frac{c}{2}$$

ou seja:

$$H = pc \qquad \textbf{[60]}$$

A resultante H é paralela à corda $\overline{AB}$ do arco.

O ponto de aplicação O_2 da força H acha-se sobre a reta O_1C que divide o arco $\overline{AB}$ ao meio.

Sua distância y_2 ao centro O_1 do arco será obtida a partir de:

$$Hy_2 = 2\int_0^{\alpha_0} dH \cdot y$$

Mas: $y = r \cos(\alpha - \alpha_0)$

e, usando o valor de dH, obtém-se:

$$Hy_2 = 2pr^2 \int_0^{\alpha_0} \cos^2(\alpha_0 - \alpha)d\alpha$$

ou, usando **[60]**:

$$cy_2 = 2r^2 \int_0^{\alpha_0} \cos^2(\alpha_0 - \alpha)d\alpha$$

e, finalmente:

$$y_2 = \frac{r}{c}(r \text{ sen } \alpha_0 \cos\alpha_0 + r\alpha_0)$$

com:

$$\frac{c}{2} = r \text{ sen } \alpha_0$$

e:

$$\frac{s}{2} = r\alpha_0$$

essa última expressão torna-se:

$$y_2 = \frac{r}{2c}(c\cos\alpha_0 + s) \qquad [61]$$

A distância y_1 da resultante H ao ponto C situado no meio do eixo será (Fig. 35):

$$y_1 = r - y_2$$

ou, usando a expressão **[61]**:

$$y_1 = r - \frac{r}{2c}(c\cos\alpha_0 + s)$$

e, finalmente:

$$y_1 = \frac{r}{2c}[c(s - \cos\alpha_0) - s] \qquad [62]$$

Por exemplo, no caso de uma ponte cujo eixo circular é uma semicircunferência, (Fig. 36), a expressão **[62]** dará:

$$\alpha_0 = \frac{\pi}{2} \qquad c = 2r \qquad s = \pi r$$

$$y_1 = \frac{r}{4}(4 - \pi)$$

$$y_2 = \frac{\pi r}{4}$$

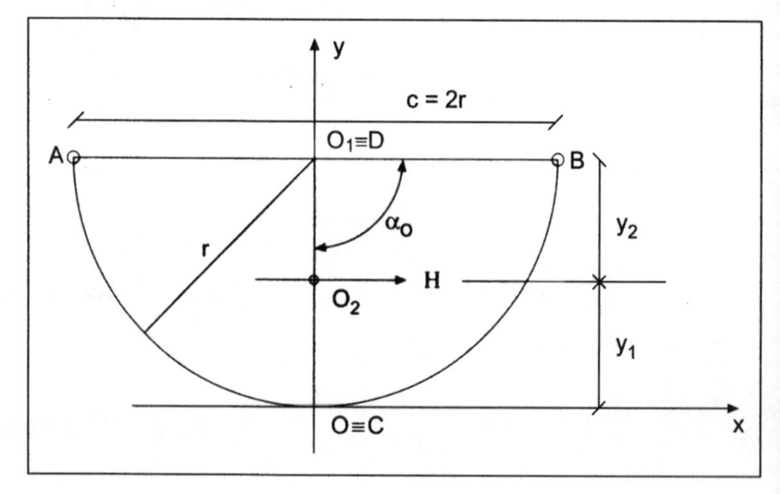

Figura 36

Na direção da componente dV da força horizontal p.ds, orientada perpendicularmente à corda $\overline{AB}$ do arco circular, observa-se que a resultante é nula:

$$2\int_0^{\alpha_0} dV = 0$$

uma vez que, em cada metade do arco tem-se uma resultante V, porém de sentidos opostos, Figura 37. Mas, as duas resultantes parciais V, uma em cada metade do arco, formam um binário cujo momento vale: $M_0 = Vd$.

Utilizando a expressão da componente elementar dV, tem-se:

$$V = pr\int_0^{\alpha_0} \text{sen}\,(\alpha_0 - \alpha)d\alpha$$

obtendo-se:

$$V = pr\,(1 - \cos\alpha_0) \qquad \textbf{[63]}$$

A posição do ponto de aplicação G da força V em relação à reta O_1C correspondente ao meio do arco será obtida a partir de:

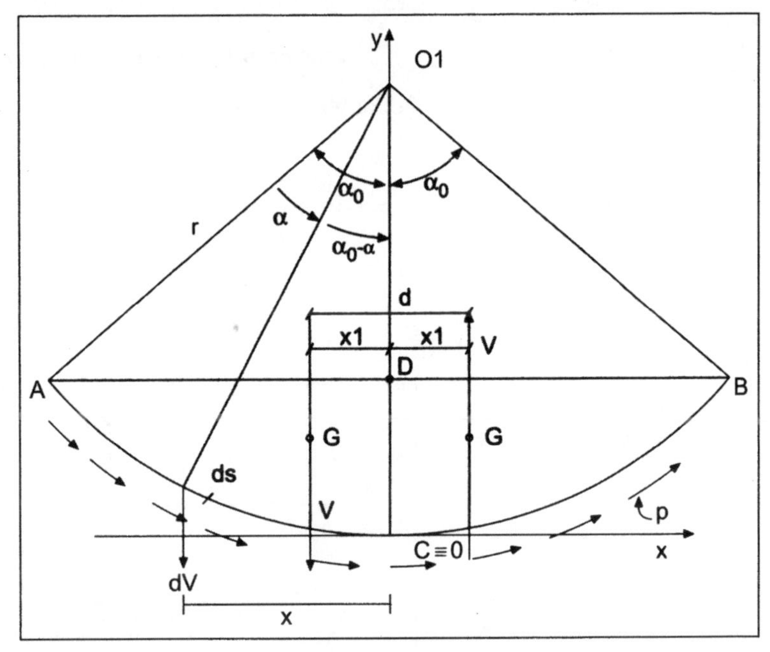

Figura 37

$$Vx_1 = \int_0^{\alpha_0} dV \cdot x$$

Mas:

$$x = r \text{ sen } (\alpha_0 - \alpha)$$

Portanto:

$$Vx_1 = pr^2 \int_0^{\alpha_0} \text{sen}^2(\alpha_0 - \alpha) d\alpha$$

e, usando **[63]** vem:

$$x_1 = \frac{r(\alpha_0 - \text{sen } \alpha_0 \cos \alpha_0)}{2(1 - \cos \alpha_0)}$$

sendo $\mathbf{d = 2x_1}$ (Fig. 37), obtém-se:

$$d = \frac{r(\alpha_0 - \text{sen } \alpha_0 \cos \alpha_0)}{1 - \cos \alpha_0} \qquad \textbf{[64]}$$

Portanto, usando as expressões **[63]** e **[64]**, o momento do binário das forças V será:

$$M_0 = Vd$$

ou:

$$M_o = (\alpha_0 - \text{sen } \alpha_0 \cos \alpha_0)\, pr^2 \qquad \textbf{[65]}$$

Por exemplo, para a semicircunferência, com $\alpha_0 = \frac{\pi}{2}$, Figura 38, obtém-se:

$$V = pr, \qquad d = \frac{\pi}{2}$$

e:

$$M_0 = \frac{\pi}{2} pr^2$$

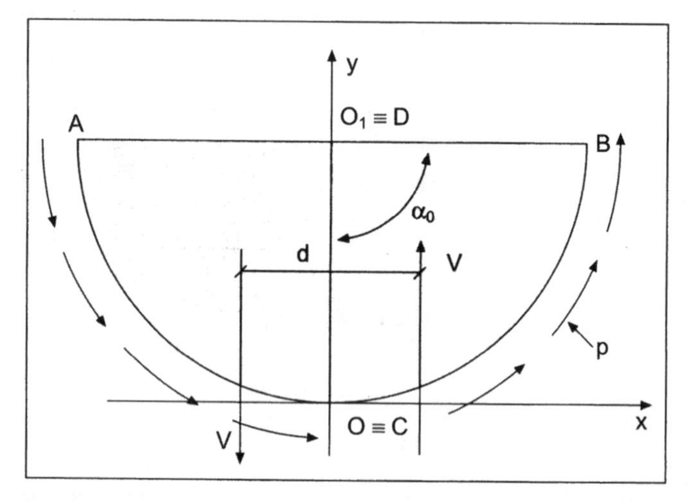

Figura 38

Portanto, a carga uniformemente distribuída **p** ao longo do eixo circular do tabuleiro da ponte e que representa a ação da frenagem ou aceleração para um dos casos estabelecidos na NBR 7187 se reduz às seguintes parcelas de atuação:

- força resultante: $H = pc$
- momento aplicado: $M_0 = (\alpha_0 - \text{sen}\ \alpha_0 \cos \alpha_0)\ pr^2$

A distribuição dessas ações pelos pilares da ponte recai, então, no caso geral considerado no item 3.1.3. Deve-se observar que o momento obtido ao transportar a força H paralelamente a si mesma, de forma que a sua linha de ação passe pelo centro de rotação do tabuleiro, deve ser somado algebricamente ao momento M_0 devido ao binário aplicado ao tabuleiro pelas cargas distribuídas da frenagem ou aceleração, neste caso:

Exemplo 7

Considerando a ponte de eixo circular do Exemplo 2, determinar o efeito da força de frenagem ou aceleração do topo do pilar P4, segundo as indicações da NBR 7187. A ponte é da classe 45 (NBR 7188) e a largura da pista é de 8,00 m.

Solução

1 - Cálculo da força de frenagem ou aceleração

Força concentrada: $H_1 = 0{,}30 \cdot 45 = 13{,}50$ tf

Força distribuída: $p = 0{,}05 \cdot 0{,}500 \cdot 8{,}00 = 0{,}200$ tf/m

2 - Posição do centro de rotação

De acordo com o Exemplo 2, as coordenadas do centro de rotação **C** valem:

$$x_0 = 16{,}455 \text{ m}$$

$$y_0 = 50{,}818 \text{ m}$$

(em relação ao sistema de eixos coordenados **oxy** da Fig. 17).

3 - Distribuição da força concentrada H_1

Para obter o efeito mais desfavorável da força de frenagem $\mathbf{H_1}$ no pilar **P4**, admite-se que essa força age segundo a tangente ao eixo da ponte no centro de gravidade desse pilar; a força $\mathbf{H_1}$ atua, portanto, na direção do eixo central de inércia **G(4)1** do pilar **P4** (reta Δ, Fig. 39).

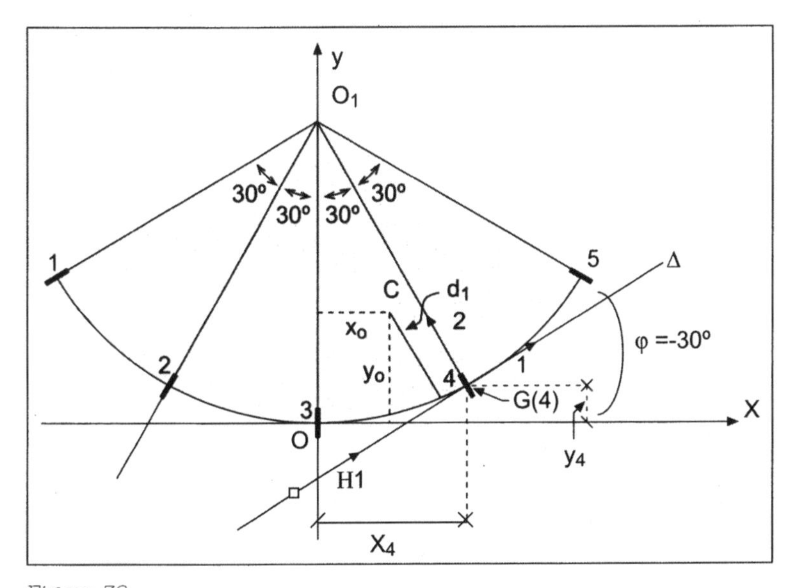

Figura 39

Representando a reta Δ pela equação geral:

$$Ax + By + C = 0$$

sabe-se que a distância **d1** do centro de rotação **C** a essa reta é dada por:

$$d_1 = \frac{|Ax_0 - By_0 + C|}{\sqrt{A^2 + B^2}}$$

Por outro lado, a equação da reta Δ é, também:

$$\frac{y - y_4}{x - x_4} = \text{tg } 30° \qquad \text{ou} \qquad x \text{ tg } 30° - y - (x_4 \text{ tg } 30° - y_4) = 0$$

Mas:

$$y4 = 60\,(2 - \sqrt{3}) = 16{,}074 \text{ m}$$

$$x4 = 60 \text{ m}$$

Conclui-se que:

$$A = \text{tg } 30° = 0{,}577$$

$$B = -1$$

$$C = -(x_4 \text{ tg } 30° - y_4) = -18{,}568$$

Portanto:

$$d = \frac{|0{,}577 \cdot 16{,}455 - 50{,}818 - 18{,}568|}{\sqrt{0{,}577^2 + 1^2}} = 51{,}855 \text{ m}$$

Transportando a força **H1**, paralelamente a si mesma, até o centro de rotação **C**, tem-se o sistema de esforços:

$$M_1 = H_1 d_1 = 13{,}50 \cdot 51{,}855 = 700{,}043 \text{ tf/m}$$

$$H_1 = 13{,}50 \text{ tf}$$

3.1 - Ação do momento M_1

No pilar P4:

$$H_1x(4) = -\kappa_x(4)\frac{M_1}{S}(y_4 - y_0)$$

$$H_1y(4) = \kappa_y(4)\frac{M_1}{S}(x_4 - x_0)$$

Do Exemplo 2, vem:

$$H_1x(4) = -1.230{,}769 \cdot \frac{700{,}043}{78.728.960{,}535}(16{,}074 - 50{,}818) = 0{,}380 \text{ tf}$$

$$H_1y(4) = 2.285{,}714 \cdot \frac{700{,}043}{78.728.960{,}535}(60 - 16{,}455) = 0{,}885 \text{ tf}$$

$$T_1(4) \cong 0$$

3.2 - Ação da força H_1

Decompõe-se H_1 paralelamente às direções **ox** e **oy**:

$$H_1x = H1 \cos \varphi = 13{,}50 \cos 30° = 11{,}691 \text{ tf}$$

$$H_1y = H1 \text{ sen } \varphi = 13{,}50 \text{ sen } 30° = 6{,}750 \text{ tf}$$

No Pilar P4:

$$H_2x(4) = \frac{\kappa x(4)}{\Sigma \kappa x(i)} H_1x = \frac{1.230{,}769}{13.865{,}493} \cdot 11{,}691 = 1{,}038 \text{ tf}$$

$$H_2y(4) = \frac{\kappa x(4)}{\Sigma \kappa y(i)} H_1y = \frac{2.285{,}714}{12.811{,}118} \cdot 6{,}750 = 1{,}204 \text{ tf}$$

3.3 - Valores finais

Os efeitos finais da força de frenagem concentrada H_1 no pilar P4 serão:

$$Hx(4) = H1x(4) + H2x(4) = 0{,}380 + 1{,}038 = 1{,}418 \text{ tf}$$

$$Hy(4) = H1y(4) + H2y(4) = 0{,}885 + 1{,}204 = 2{,}089 \text{ tf}$$

Nas direções dos eixos centrais de inércia do pilar P4, as forças horizontais no topo serão (Fig. 40):

$$H41(1) = 1{,}418 \cos(-30) - 2{,}089 \text{ sen}(-30) = 2{,}273 \text{ tf}$$

$$H42(1) = 1{,}418 \text{ sen}(-30) + 2{,}089 \cos(-30) = 2{,}518 \text{ tf}$$

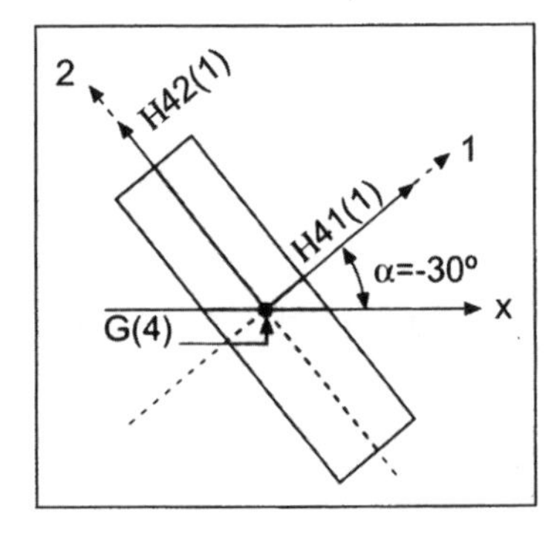

Figura 40

4 - Distribuição da força distribuída p

O comprimento da corda do arco que constitui o eixo da ponte é:

$$c = 2r \text{ sen } 60° = 2 \cdot 120 \cdot \frac{\sqrt{3}}{2}$$

ou $\quad c = 207{,}852$ m

A força horizontal resultante da carga uniformemente distribuída de frenagem **p** ao longo do eixo da ponte será (expressão **[60]**:

$$H_2 = pc = 0{,}200 \cdot 207{,}852 = 41{,}570 \text{ tf}$$

A linha de ação da força H2 é paralela à corda AB do arco e dista da origem O do sistema de eixos oxy (expressão **[62]**) o valor:

$$y_1 = \frac{r}{2c}[c(2 - \cos\alpha_0) - s]$$

com:

$$s = 80\pi = 251{,}327\text{m} \qquad \text{e} \qquad \alpha_0 = 60°,$$

tem-se:

$$y_1 = \frac{120}{2 \cdot 207{,}852}[207{,}852(2 - \cos 60) - 251{,}327]$$

ou

$$y_1 = 17{,}450 \text{ m}$$

O momento devido ao binário formado pelas cargas V será (expressão **[65]**):

$$M_0 = (\alpha_0 - \text{sen } \alpha_0 \cos \alpha_0)\, pr^2$$

ou

$$M_0 = \left(\frac{\pi}{3} - \text{sen } 60 \cdot \cos 60\right)0{,}200 \cdot 120^2 = 1.768{,}889 \text{ tfm}$$

Transportando a força H_2, paralelamente a si mesma, para o centro de rotação C, tem-se os esforços:

$$M_2 = 41{,}570 \,.\, (50{,}818 - 17{,}450) + 1.768{,}889 = 3155{,}997 \text{ tfm}$$

$$H_2 = 41{,}570 \text{ tf}$$

4.1 - Ação do momento M_2

No pilar P4

$$H21x(4) = -1.230{,}769 \cdot \frac{3.155{,}997}{78.728.960{,}535}(16{,}074 - 50{,}818) = 1{,}714 \text{ tf}$$

$$H21y(4) = 2.285{,}714 \cdot \frac{3.155{,}997}{78.728.960{,}535}(60 - 16{,}455) = 3{,}990 \text{ tf}$$

$$T_2(4) \cong 0$$

4.2 - Ação da força H_2

Sendo a linha de ação da força H2 paralela ao eixo ox, tem-se:

$$H_x = H_2 = 41{,}570 \text{ tf}$$

$$H_y = 0$$

No pilar P4:

$$H22x(4) = \frac{1.230{,}769}{13.865{,}493} \cdot 41{,}570 = 3{,}690 \text{ tf}$$

$$H22y(4) = 0$$

4.3 - Valores finais

Os efeitos finais da força de frenagem H_2 no pilar P4 serão:

$$H2x(4) = H21x(4) + H22x(4) = 1{,}714 + 3{,}690 = 5{,}404 \text{ tf}$$

$$H2y(4) = H21y(4) + H22y(4) = 3{,}990 + 0 = 3{,}990 \text{ tf}$$

Nas direções dos eixos centrais de inércia do pilar P4, as forças horizontais no topo serão (Fig. 41)

$$H41\ (2) = 5{,}404 \cos(-30) - 3{,}990 \text{ sen } (-30) = 6{,}675 \text{ tf}$$

$$H42(2) = 5{,}404 \text{ sen } (-30) + 3{,}990 \cos(-30) = 0{,}753 \text{ tf}$$

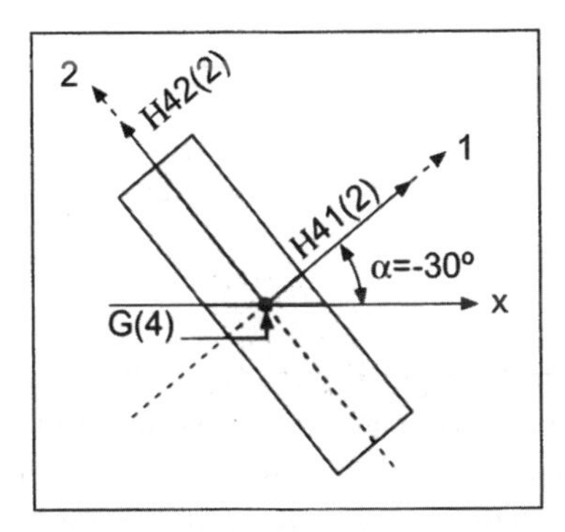

Figura 41

5 - Valores a considerar

Para considerar os efeitos da frenagem no pilar P4, de acordo com os critérios estabelecidos na NBR 7187, deve-se, portanto, adotar os valores:

$H_{41} = 6{,}675$ tf (caso da força uniformemente distribuída);

$H_{42} = 2{,}518$ tf (caso da força concentrada);

segundo os eixos centrais de inércia (Fig. 42)

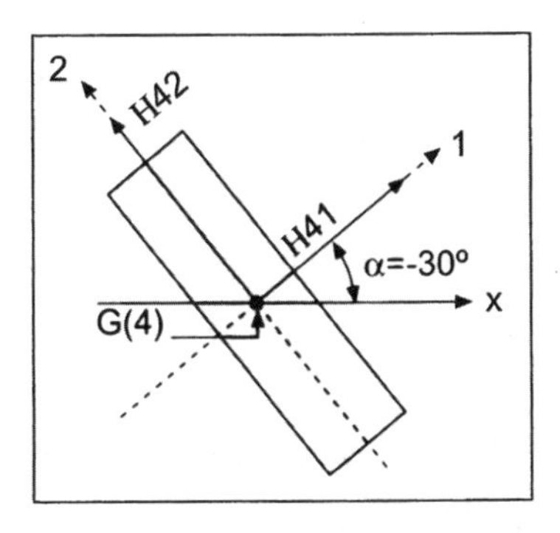

Figura 42

3.1.4.2 — Efeitos da variação das dimensões da superestrutura

Nos itens anteriores a superestrutura da ponte foi considerada rígida para o estudo da distribuição de ações horizontais nos pilares; a seguir, será considerada essa distribuição quando ocorrem modificações nas dimensões da superestrutura.

As ações que provocam uma variação das dimensões da superestrutura são, principalmente, as seguintes:

- variação da temperatura;
- retração do concreto;
- fluência do concreto;
- força de protensão;
- etc.

A variação das dimensões da superestrutura, no plano horizontal, determina o aparecimento de forças horizontais no topo dos pilares; uma vez que as ações que determinam essa variação são do tipo indireto, essas forças nos pilares terão resultante nula, isto é, formam um sistema auto-equilibrado. Em conseqüência, haverá na superestrutura um ponto onde o deslocamento é nulo, o qual será designado pela sigla PDN (ponto de deslocamento nulo).

Na determinação das forças que atuam no topo dos pilares da ponte provocadas pela variação das dimensões da superestrutura, será admitido que a deformação específica ε que caracteriza a ação em estudo é uniforme, isto é, apresenta o mesmo valor em todos os pontos da superestrutura; o caso de ε variável, como ocorre, por exemplo, quando se considera um gradiente de temperatura, é mais complexo e não será tratado neste item.

Considerando um pilar genérico P_i, Figura 43, sejam:

x(i), y(i) = coordenadas do centro de gravidade do pilar P_i em relação ao sistema de eixos oxy;

xp, yp = coordenadas do PDN em relação ao sistema de eixos oxy.

As forças horizontais que agem no topo do pilar Pi serão:

$$H_x(i) = \kappa_x(i)\,\varepsilon\,[x(i) - x_p] \qquad H_y(i) = \kappa_y(i)\,\varepsilon\,[y(i) - y_p] \qquad [66]$$

As condições de equilíbrio são, uma vez que o sistema de forças é estaticamente nulo ou auto-equilibrado:

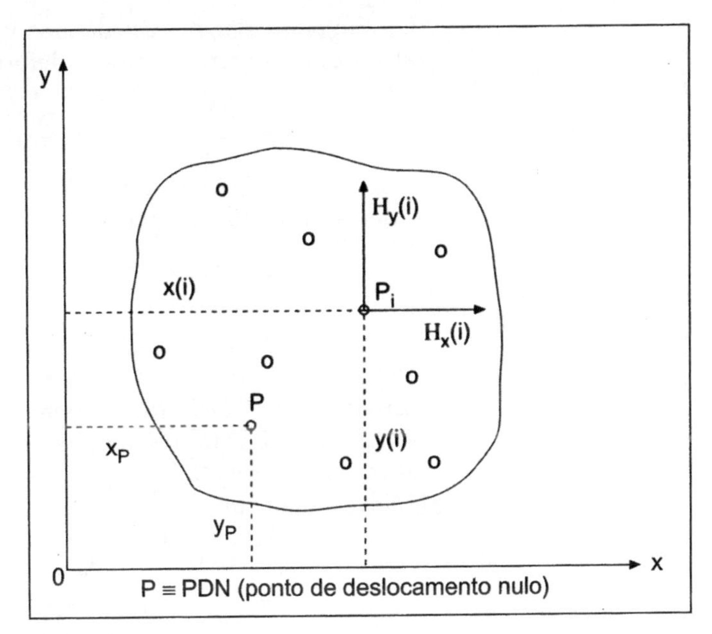

Figura 43

$$\left.\begin{aligned}\sum_{i=1}^{n} Hx(i) = 0 \\ \sum_{i=1}^{n} Hy(i) = 0\end{aligned}\right\} \quad [67]$$

ou, utilizando as expressões, lembrando que $\varepsilon \neq 0$, obtém-se:

$$\left.\begin{aligned}\sum_{i=1}^{n} \kappa_x(i)[x(i) - x_p] = 0 \quad \text{e} \quad x_p = \frac{\sum_{i=1}^{n} \kappa_x(i) \cdot x(i)}{\sum_{i=1}^{n} \kappa_x(i)} \\ \sum_{i=1}^{n} \kappa_y(i)[y(i) - y_p] = 0 \quad \text{e} \quad y_p = \frac{\sum_{i=1}^{n} \kappa_y(i) \cdot y(i)}{\sum_{i=1}^{n} \kappa_y(i)}\end{aligned}\right\} \quad [68]$$

As expressões **[68]** permitem determinar, através de suas coordenadas, a posição do PDN; conhecidas essas coordenadas, as expressões **[66]** serão utilizadas no cálculo das forças horizontais que, em conseqüência da ação considerada, agem no topo dos pilares da ponte. Por outro lado, as expressões **[67]** podem ser usadas como verificação dos resultados obtidos.

Em particular, no caso de uma variação uniforme de temperatura Δt na superestrutura, a deformação específica será dada por:

$$\varepsilon = \alpha \Delta t \qquad [69]$$

onde α é o coeficiente de dilatação térmica linear do material da superestrutura; para o concreto armado ou protendido adota-se $\alpha = 10^{-5}\ °C^{-1}$.

No caso de pontes de eixo retilíneo consideram-se, em geral, apenas os efeitos de uma variação de comprimento da superestrutura, isto é, o PDN situa-se sobre o eixo ox (que freqüentemente se faz coincidir com o eixo da ponte), adotando-se a sua origem no centro de gravidade do primeiro pilar (Fig. 44); a posição do PDN será dada por:

$$x_p = \frac{\sum \kappa_i(x) \cdot x(i)}{\sum \kappa_i(x)}$$

com $y_p = 0$

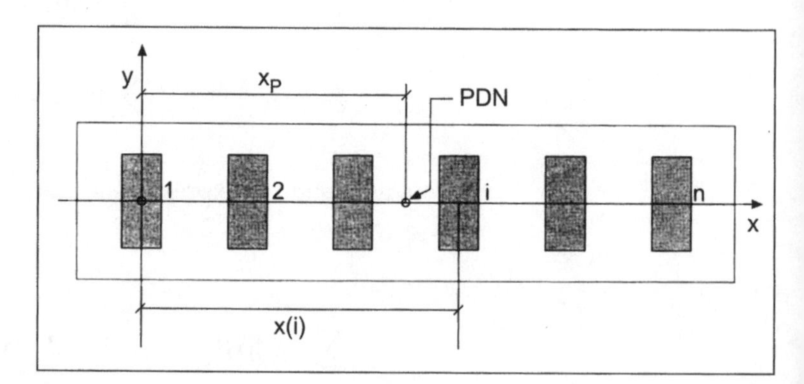

Figura 44

Os efeitos de uma variação de temperatura Δt, neste caso, na direção transversal, somente devem ser considerados em pontes muito largas (em geral, $b \geq 20$ m), seja para uma verificação dos aparelhos de apoio nessa direção, seja no caso de pilares com fustes isolados transversalmente (Fig. 45).

Finalmente, deve-se observar que, quando $\varepsilon < 0$ (contração) as forças provocadas nos pilares são dirigidas no sentido do PDN; o contrário ocorre quando $\varepsilon > 0$ (dilatação).

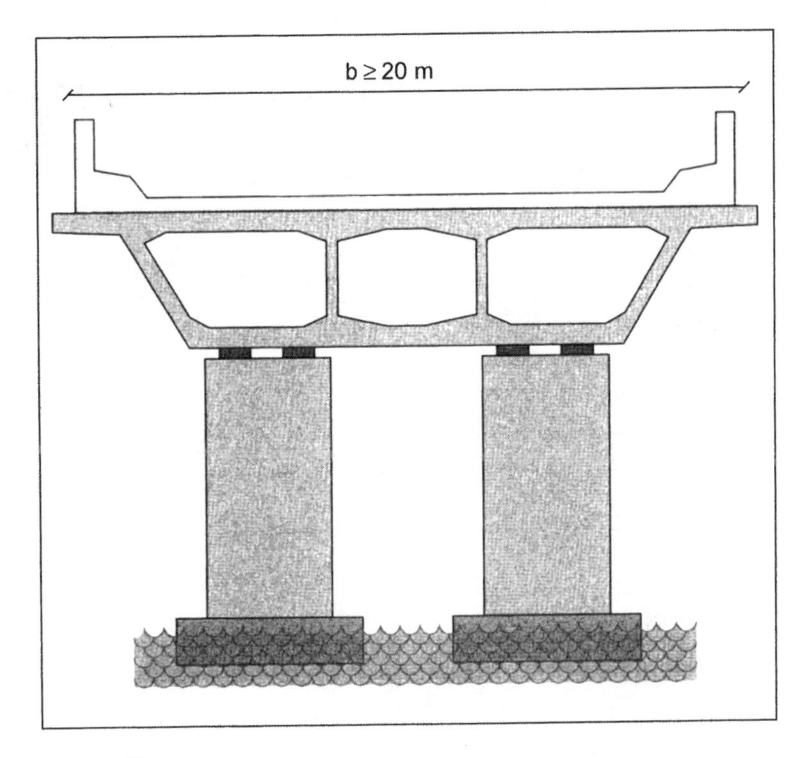

Figura 45

Exemplo 8

Determinar as forças horizontais que agem nos pilares da ponte de concreto armado cuja geometria acha-se indicada na Figura 46, provocadas pela redução uniforme de temperatura de 15°C e pela retração do concreto, considerada equivalente a uma redução uniforme de temperatura de 15°C.

Os coeficientes de rigidez globais dos pilares segundo as direções dos eixos coordenados indicados são:

Pilar 1: $\kappa_x(1) = \kappa 11 = 1.200$ tf/m, $\kappa_y(1) = \kappa 12 = 4.000$ tf/m

Pilar 2: $\kappa_x(2) = \kappa 21 = 800$ tf/m, $\kappa_y(2) = \kappa 22 = 2.500$ tf/m

Pilar 3: $\kappa_x(3) = \kappa 31 = 600$ tf/m, $\kappa_y(3) = \kappa 32 = 1.500$ tf/m

Pilar 4: $\kappa_x(4) = 1.000$ tf/m, $\kappa_y(4) = 3.000$ tf/m

Pilar 5: $\kappa_x(5) = 1.800$ tf/m, $\kappa_y(5) = 5.000$ tf/m

Para o concreto: $\alpha = 10^{-5}\ °C^{-1}$

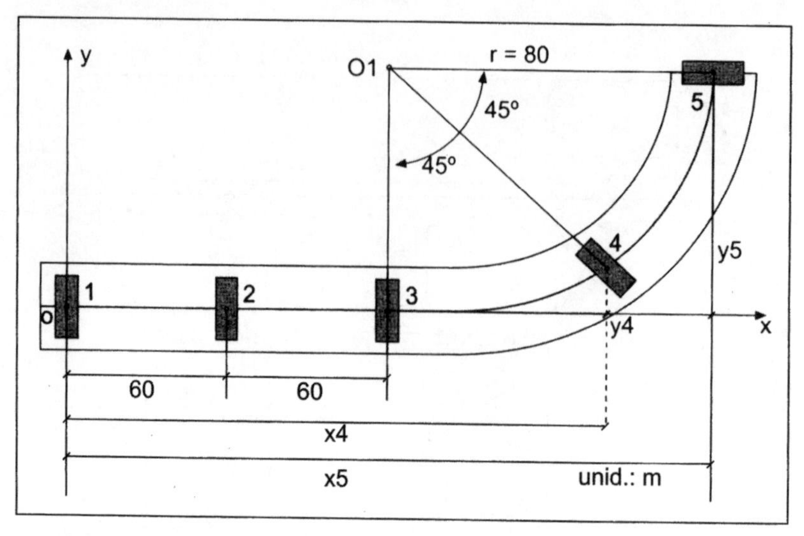

Figura 46

Solução

1 - Coordenadas do centro de gravidade dos pilares

G1 (0,0), G2 (60,0), G3 (120,0),

G4 [(176,569), (23,432)], G5 (200,80)

2 - Posição do PDN

Utilizando as expressões **[68]**:

$$\Sigma\kappa_x(i) = 1.200 + 800 + 600 + 1.000 + 1.800 = 5.400 \text{ tf/m}$$

$$\Sigma\kappa_y(i) = 4.000 + 2.500 + 1.500 + 3.000 + 5.000+ = 16.000 \text{ tf/m}$$

$$\begin{aligned}\Sigma\kappa_x(i)\cdot x(i) = \quad & 1.200 \cdot 0 = 0\\ & 800 \cdot 60 = 48.000\\ & 600 \cdot 120 = 72.000\\ & 1.000 \cdot 176{,}569 = 176.569\\ & 1.800 \cdot 200 = 360.000\\ & \Sigma = 656.569\end{aligned}$$

$$\begin{aligned}\Sigma\kappa_y(i)\cdot y(i) = \quad & 4.000.0 = 0\\ & 2.500 \,.\, 0 = 0\\ & 1.500 \cdot 0 = 0\\ & 3.000 \cdot 23{,}432 = 70.296\\ & 5.000 \cdot 80 = 400.000\\ & \Sigma = 470.296\end{aligned}$$

Portanto:

$$x_p = \frac{656.569}{5.400} = 121,587 \text{ m}$$

$$y_p = \frac{470.296}{16.000} = 29,394 \text{ m}$$

3 - Cálculo das forças nos pilares

$\varepsilon = \alpha \Delta t$

queda de temperatura = –15° C
retração do concreto = –15° C

(soma simbólica) Δt = –30° C

$\varepsilon = 10^{-5} \cdot (-30) = -3 . 10^{-4}$

Utilizando as expressões **[66]**:

- segundo ox:

$$H_x(1) = -1.200 \cdot 3 \cdot 10^{-4} (0 - 121{,}587) = 43{,}771 \text{ tf}$$
$$H_x(2) = -800 \cdot 3 \cdot 10^{-4} (60 - 121{,}587) = 14{,}781 \text{ tf}$$
$$H_x(3) = -600 \cdot 3 \cdot 10^{-4} (120 - 121{,}587) = 0{,}286 \text{ tf}$$
$$H_x(4) = -1.000 \cdot 3 \cdot 10^{-4} (176{,}569 - 121{,}587) = -16{,}495 \text{ tf}$$
$$H_x(5) = -1.800 \cdot 3 \cdot 10^{-4} (200 - 121{,}587) = -42{,}343 \text{ tf}$$
$$\Sigma \cong 0$$

- segundo oy:

$$H_y(1) = -4.000 \cdot 3 \cdot 10^{-4} (0 - 29{,}394) = 35{,}273 \text{ tf}$$
$$H_y(2) = -2.500 \cdot 3 \cdot 10^{-4} (0 - 29{,}394) = 22{,}046 \text{ tf}$$
$$H_y(3) = -1.500 \cdot 3 \cdot 10^{-4} (0 - 29{,}394) = 13{,}227 \text{ tf}$$
$$H_y(4) = -3.000 \cdot 3 \cdot 10^{-4} (23{,}432 - 29{,}394) = 5{,}366 \text{ tf}$$
$$H_y(5) = -5.000 \cdot 3 \cdot 10^{-4} (80 - 29{,}394) = -75{,}909 \text{ tf}$$
$$\Sigma \cong 0$$

O cálculo das forças horizontais que agem segundo os eixos centrais de inércia dos pilares (e que serão utilizadas no seu dimensionamento) pode ser facilmente efetuado com o emprego das expressões **[54]**:

3.1.4.3 — Ação do vento

A ação do vento sobre a superestrutura de uma ponte pode ser determinada de acordo com as indicações de normas para projeto de pontes ou através de dados diretamente obtidos com base nas condições atmosféricas da região onde será construída a obra. De uma forma ou outra, essa ação será considerada através

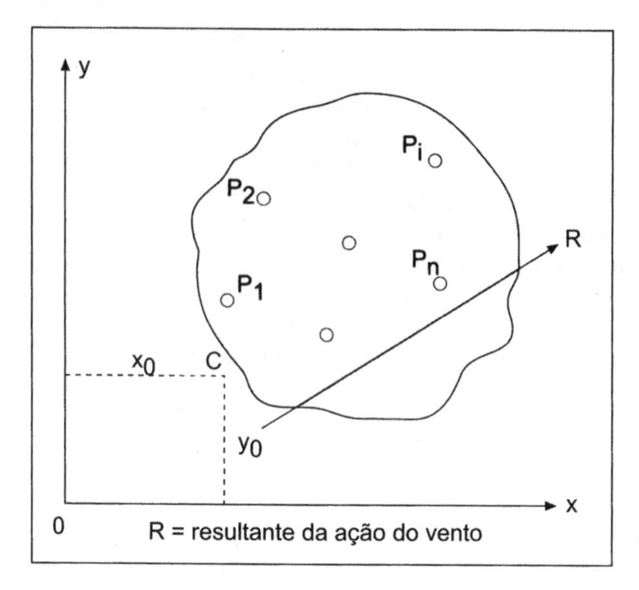

Figura 47

da força resultante das pressões horizontais do vento sobre a estrutura da ponte descarregada ou carregada; essa força pode ter direção qualquer em relação aos eixos de referência oxy, bem como em relação ao centro de rotação C do tabuleiro da ponte (Fig. 47). Portanto, o problema da distribuição da ação do vento nos pilares da ponte recai no caso geral tratado no item 3.1.3. A vantagem do processo de cálculo desenvolvido nesse item é que a força R poderá ter uma direção qualquer, permitindo que se considere, para cada pilar da ponte, a direção que for mais desfavorável para a sua solicitação sob a ação do vento.

Deve-se observar que o estudo da ação do vento sobre pontes aqui considerado é referente à sua forma estática de atuar, com critérios válidos para estruturas de vãos pequenos ou médios (da ordem de 30 a 150 m), executadas em vigas de concreto armado ou protendido; os efeitos dinâmicos da ação do vento sobre pontes aqui não tratados, devem ser objeto de estudos especiais, geralmente necessários em estruturas de grandes vãos, normalmente metálicas, representadas principalmente por pontes pênseis ou atirantadas.

3.1.4.4 — Empuxos de terra nas extremidades da ponte

Em casos onde os aterros de acesso à ponte são retidos pela própria superestrutura, através de cortinas nas suas extremidades, solução freqüentemente usada quando pode ser assegurada a estabilidade desses aterros, Figura 48, deve-se, por vezes, dimensionar os pilares admitindo o empuxo de terra em uma só extremidade do tabuleiro; em outros casos, como ocorre nas pontes

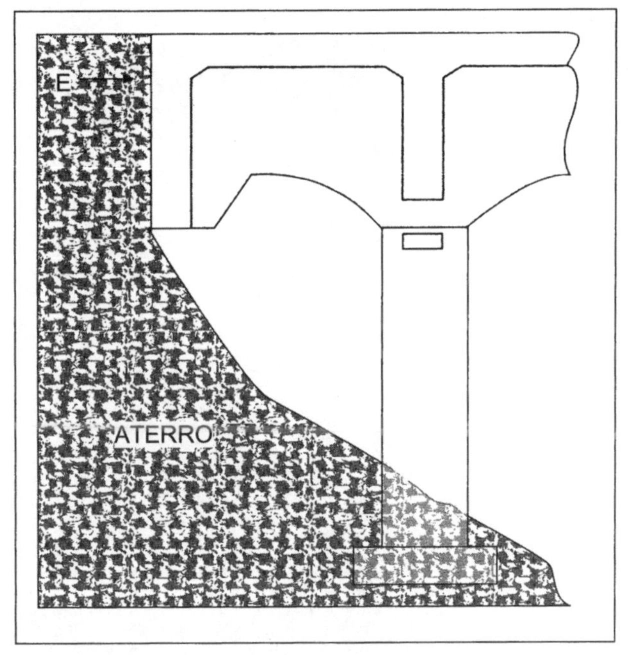

Figura 48

retas esconsas e nas pontes curvas, embora atuem empuxos de terra de igual valor nas duas extremidades do tabuleiro, existe um momento aplicado ou uma força resultante, que devem ser absorvidos pelos pilares da ponte, Figura 49. Em qualquer desses casos, a distribuição dessas ações pelos pilares da ponte é solucio-

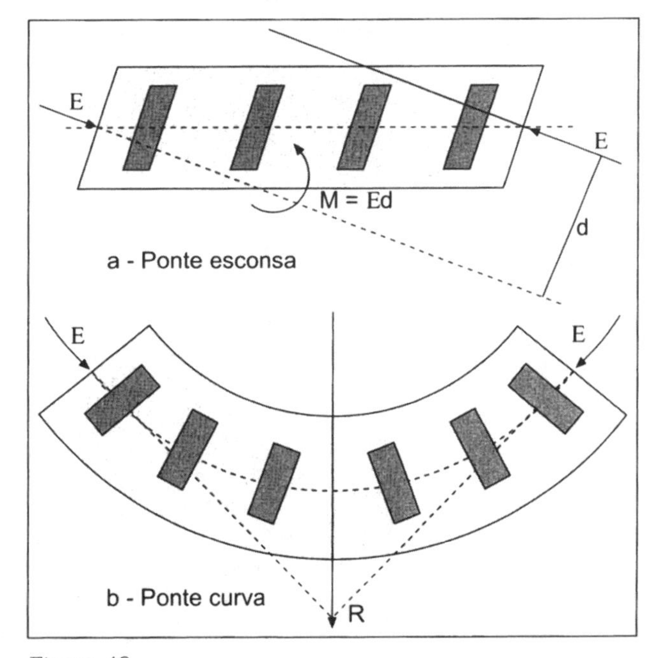

Figura 49

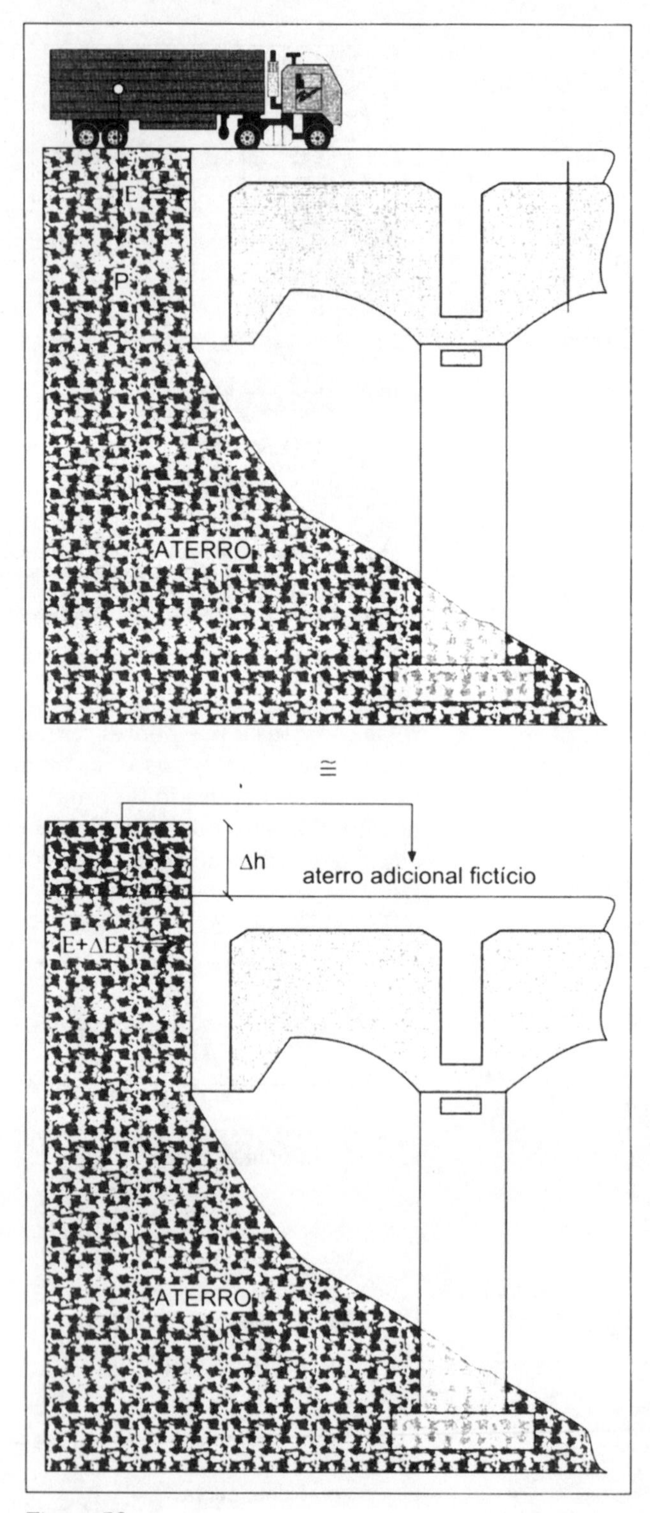

Figura 50

nada utilizando um dos processos anteriores, de acordo com o tipo da ação a distribuir, a saber, apenas um momento aplicado ou uma força passando ou não pelo centro de rotação do tabuleiro.

Finalmente, o problema da sobrecarga no aterro, considerada em apenas uma das extremidades da ponte pela presença do veículo tipo, Figura 50, sobrecarga que é normalmente transformada em altura de aterro equivalente, produzindo-se um acréscimo de empuxo ΔE na cortina, pode ser tratado da forma acima indicada, na distribuição dessa forca ΔE pelos pilares da ponte.

3.2 ■ CASO DE PONTES DE SUPERESTRUTURA COM JUNTAS

O emprego de juntas em superestruturas de pontes é freqüente pelas seguintes razões:

- redução do comprimento sujeito às variações de temperatura, fluência e retração do concreto, força de protensão, etc.;
- processo construtivo adotado;
- existência de ramificações para atender às necessidades de tráfego;
- mudangas do sistema estrutural nos trechos que constituem a ponte;
- necessidade de adoção de sistemas estaticamente determinados nos vários trechos da ponte, para atender a problemas de fundações.

Em geral, as juntas entre dois trechos consecutivos da superestrutura da ponte situam-se em correspondência a um pilar comum aos dois trechos adjacentes, podendo também ocorrer em articulações Gerber, Figura 51.

Para o estudo do problema de distribuição de ações horizontais nos pilares de pontes cuja superestrutura apresenta esses tipos de juntas, será suposto que os aparelhos de apoio no pilar de transição, ou na articulação Gerber, sejam constituídos por placas de neoprene. Se os aparelhos de apoio forem fixos (por exemplo, representados por articulações tipo Freyssinet), para efeito de distribuição de ações horizontais, os dois tabuleiros parciais adjacentes, separados pela junta, se comportam como um só tabuleiro; se os aparelhos de apoio forem móveis ou deslizantes (ou pelo menos um deles no topo do pilar de transição), como é o caso do emprego de aparelhos de apoio do tipo "neoflon", não ocorre, nessa junta, a transmissão de ações horizontais de um tabuleiro para o outro.

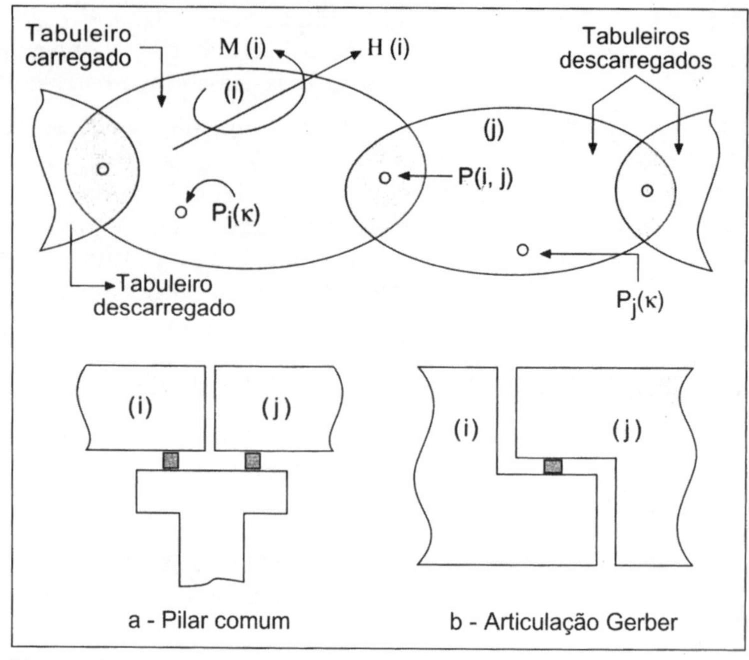

Figura 51

Um problema inicial que surge na análise de distribuição de ações horizontais nos pilares de pontes com superestrutura formada por vários tabuleiros, associados através de juntas, e constituído pela notação a adotar na representação das diferentes grandezas que intervêm nessa análise; essa notação deve facilitar a identificação dessas grandezas e, preferivelmente, simplificar a programação do processo de cálculo.

Pode-se, por exemplo, empregar a seguinte notação, na qual o índice **x** significa que a direção considerada no símbolo representado é paralela ao eixo **ox**; a mesma interpretação é válida para o índice **y** em relação ao eixo **oy**.

A notação proposta é conseqüência, como será comentado adiante, de que na análise do problema considera-se, sucessivamente, um dos tabuleiros carregado e os demais descarregados.

Considerando a Figura 51, tem-se:

a - **Ações aplicadas**:

Forças: H(i) - com componentes Hx(i) e Hy(i);
Momentos: M(i); onde **i** = número que identifica o tabuleiro parcial carregado.

b - **Forças horizontais parciais no topo dos pilares** (*excluídos os pilares de transição entre tabuleiros*):

Pilar genérico **$P_j(\kappa)$: Hxi (j, κ) e Hyi (J, κ)**

onde:
i = número que indica o tabuleiro parcial carregado;
j = número que indica o tabuleiro onde se situa o pilar considerado;
κ = número que indica o pilar no tabuleiro j.

c - **Pilares de transição** (*sob as juntas, entre tabuleiros parciais*):

P(i, j)

onde:
i, j =números que indicam tabuleiros parciais que têm o pilar P(i, j) como pilar comum.

d - **Coeficientes de rigidez globais dos pilares** (*com exceção do pilar de transição* P(i, j)):

κxi(j) e **κyi(j)**

onde:
i = número que indica o tabuleiro parcial considerado;
j = número que indica o pilar no tabuleiro parcial i.

e - **Coeficientes de rigidez do pilar de transição P(i, j)**:

κxP(i, j) e **κyP(i, j)**

onde:
i, j =números que indicam os tabuleiros parciais que têm o pilar P(i, j) como pilar comum.

f - **coeficientes de rigidez dos aparelhos de apoio de neoprene sobre o pilar P(i, j):**

κni(i, j) e **κnj(i, j)**

onde:
i, j =números que indicam os tabuleiros parciais que têm o pilar P(i, j) como pilar comum.

g - **Forças parciais que agem nos aparelhos de apoio de neoprene:**

Hxni (j, κ) e **Hyni (j, κ)**

onde:
i = número que indica o tabuleiro parcial carregado;
j = número que indica o tabuleiro parcial onde se situa o aparelho de apoio considerado;
κ = número que indica o tabuleiro parcial adjacente, apoiado no mesmo pilar de transição.

h - **Forças que agem no topo do fuste do pilar de transição P(i, j):**

HxPi(j, κ) e **HyPi(j, κ)**

onde:

i = número que indica o tabuleiro parcial carregado;

j, k=números que indicam os tabuleiros parciais interligados pelo pilar comum sob a junta.

i - **Coeficientes de rigidez do pilar de transição P(i, j):**

κxP(i, j) e **κyP(i, j)**

onde:

i, j =números que indicam os tabuleiros que têm P(i, j) como pilar comum.

j - **Somas dos coeficientes de rigidez globais dos pilares do tabuleiro parcial i** (*com exclusão dos pilares de transição*):

Sx (i) e **Sy (i)**

onde:

i = número que indica o tabuleiro parcial considerado.

k - **Forças horizontais finais no topo dos pilares sob os tabuleiros parciais** (*com exclusão dos pilares de transição*):

Hxi(j) e **Hyi(j)**

sendo:

i = número que identifica o tabuleiro parcial considerado;

j = número do pilar considerado.

l - **Forças horizontais finais no topo do fuste dos pilares de transição P(i, j):**

HxP(i, j) e **HyP(i, j)**

onde:

i, j = números que indicam os tabuleiros parciais que têm P(i, j) como pilar comum.

Nas considerações apresentadas a seguir admite-se que todos os coeficientes de rigidez têm seu valor conhecido.

3.2.1 □ Caso de superestrutura com dois tabuleiros

Inicialmente, para simplificar a análise do problema e estabelecer os conceitos em que é baseada, será estudado o caso de uma superestrutura formada por dois tabuleiros (1) e (2), Figura 52, interligados por um pilar comum P(1, 2), no qual os aparelhos de apoio são de neoprene.

Na Figura 52, tem-se:

P1 (κ) = pilar genérico do tabuleiro (a);

P2 (κ) = pilar genérico do tabuleiro (2).

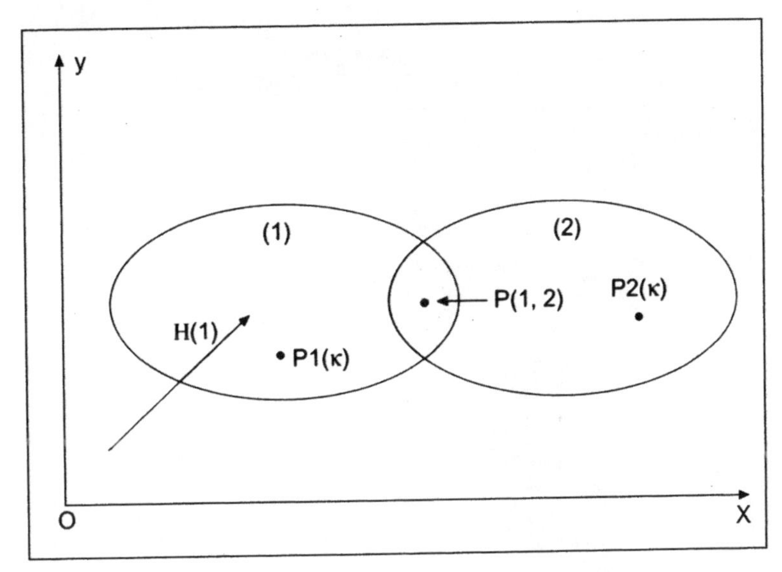

Figura 52

Admite-se, em uma primeira fase da análise, apenas o tabuleiro (1) submetido à ação de uma força horizontal H(1), com direção qualquer em relação ao sistema de coordenadas de referência oxy; o tabuleiro (2) é admitido como descarregado.

Considerando, em primeiro lugar, a direção paralela ao eixo ox, sob a ação da força Hx(1), componente da força aplicada H(1) nessa direção, verificam-se na região da junta entre os dois tabuleiros os deslocamentos indicados na Figura 53.

Designando por:

$\delta x(1)$ = deslocamento do tabuleiro (1);
$\delta x(2)$ = deslocamento do tabuleiro (2),

têm-se as seguintes equações de compatibilidade dos deslocamentos:

- deslocamento do tabuleiro (1):

$$\delta x(1) = \delta xP(1,2) + \delta n1(1) \quad [70]$$

- deslocamento do tabuleiro (2):

$$\delta x(2) = \delta xP(1,2) - \delta n1(2) \quad [71]$$

É válida, também, a seguinte equação de equilíbrio:

$$Hxn1(1,2) = HxP1(1,2) + Hxn1(2,1) \quad [72]$$

Utilizando as relações que ligam as forças, os coeficientes de rigidez e os respectivos deslocamentos, tem-se:

a - **Sendo o tabuleiro (2) considerado rígido**, todos os pilares em que se apóia, com exclusão do pilar de transição P(1, 2),

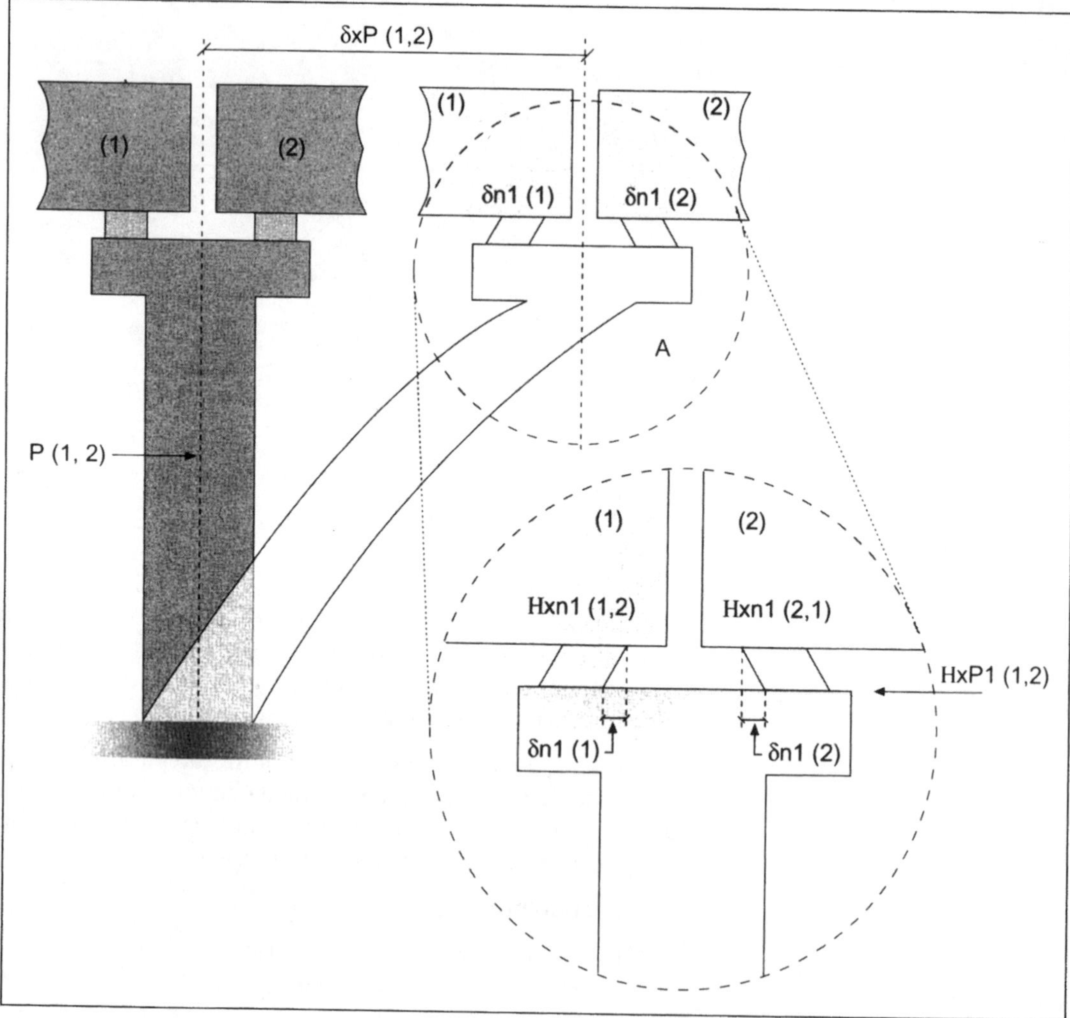

Figura 53

apresentam o mesmo deslocamento δx(2), dada pela expressão **[71]** acima. Portanto:

$$\delta_x(2) = \frac{Hx2(2,1)}{\kappa x2(1)} = \frac{Hx2(2,2)}{\kappa x2(2)} = \cdots = \frac{Hx2(2,m)}{\kappa x2(m)}$$

ou

$$\delta_x(2) = \frac{\sum_{i=1}^{m} Hx2(2,i)}{\sum \kappa x2(i)} = \frac{Hxn(2,1)}{Sx(2)}$$

Também:

$$\delta_x P(1,2) = \frac{HxP1(1,2)}{\kappa xP(1,2)}$$

e:

$$\delta n1(2) = \frac{Hxn1(2,1)}{\kappa n2(1,2)}$$

A expressão **[71]** permitirá, então, obter:

$$\frac{Hxn1(2,1)}{Sx(2)} = \frac{HxP1(1,2)}{\kappa xP(2)} - \frac{Hxn1(2,1)}{\kappa n2(1,2)}$$

ou:

$$\frac{HxP1(1,2)}{\kappa xP(1,2)} = \left[\frac{1}{kn2(1,2)} + \frac{1}{Sx(2)}\right] Hxn1(2,1)$$

Designando por:

$$\frac{1}{\kappa x2(1,2)} + \frac{1}{\kappa n2(1,2)} + \frac{1}{Sx(2)} \quad [73]$$

onde:

κx2(1,2) = coeficiente de rigidez global do tabuleiro (2),

obtém-se:

$$\frac{HxP1(1,2)}{\kappa xP(1,2)} = \frac{Hxn1(2,1)}{\kappa x2(1,2)}$$

ou:

$$Hxn1(2,1) = \frac{\kappa x2(1,2)}{\kappa xP(1,2)} \cdot HxP1(1,2) \quad [74]$$

b - Considerando a equação de equilíbrio **[72]** e utilizando a expressão **[74]**, vem:

$$Hxn1(1,2) = HxP1(1,2) + \frac{\kappa x2(1,2)}{\kappa xP(1,2)} \cdot HxP1(1,2)$$

ou:

$$Hxn1(1,2) = \left[1 + \frac{\kappa x2(1,2)}{\kappa xP(1,2)}\right] HxP1(1,2)$$

deduzindo~se que:

$$HxP1(1,2 = \frac{\kappa xP(1,2)}{\kappa xP(1,2) + \kappa x2(1,2)} Hxn1(1,2) \quad [75]$$

Substituindo a expressão **[75]** na expressão **[74]**, obtém-se:

$$Hxn1(2,1) = \frac{\kappa x2(1,2)}{\kappa xP(1,2) + \kappa x2(1,2)} Hxn1(1,2) \qquad [76]$$

c - Utilizando, finalmente, a expressão [70], vem:

$$\delta_x(1) = \frac{HxP1(1,2)}{\kappa xP(1,2)} + \frac{Hxm1(1,2)}{\kappa n(1,2)}$$

e, com **[75]**, após a devida transformação, obtém-se:

$$\delta_x(1) = \left[\frac{1}{\kappa xP(1,2) + \kappa x2(1,2)} + \frac{1}{\kappa n1(1,2)}\right] Hxn(1,2)$$

Fazendo:

$$\frac{1}{\kappa xG(1,2)} = \frac{1}{\kappa xP(1,2) + \kappa x2(1,2)} + \frac{1}{\kappa n1(1,2)} \qquad [77]$$

vem:

$$\delta_x(1) = \frac{Hxn1(1,2)}{\kappa xG(1,2)}$$

Esta última expressão permite concluir que o valor KxG(1,2) representa o coeficiente de rigidez global de um pilar fictício $\overline{P}(1,2)$ que substitui o tabuleiro (2) com todos os seus apoios, Figura 54, inclusive o apoio de neoprene.

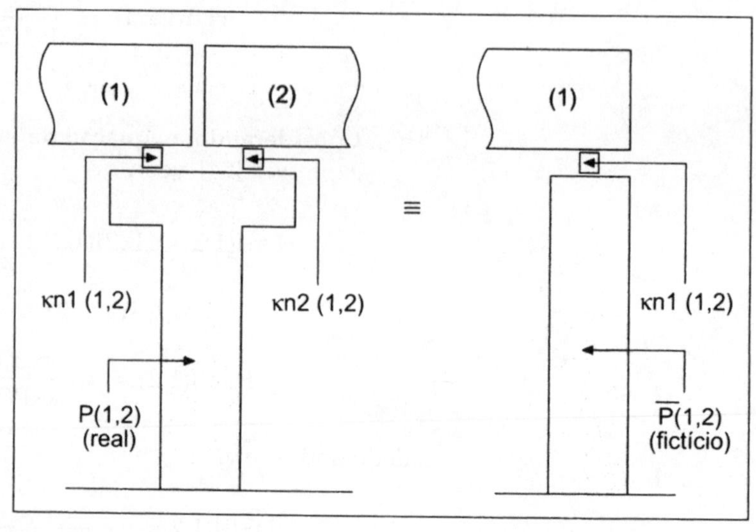

Figura 54

O processo de cálculo proposto permite, portanto, fazer o problema recair no caso de um único tabuleiro, do qual a solução já foi tratada anteriormente (item 3). Determinada, então, a força Hxn1(1,2) que age sobre o pilar fictício P(1,2), a mesma será decomposta em duas parcelas, a saber:

- força HxP1(1,2) que age no topo do fuste do pilar de transição P(1,2), calculada através da expressão **[75]**;
- força Hxn1(2,1) que age sobre o tabuleiro descarregado (2), determinada com o emprego da expressão **[76]**. Essa força será distribuída pelos pilares desse tabuleiro de acordo com a conhecida expressão:

$$Hx2(2,1) = \frac{\kappa x2(i)}{Sx(2)} \cdot Hxn1(2,1) \qquad [78]$$

Para a direção paralela ao eixo oy procede-se de forma análoga à indicada acima, bastando, nas expressões deduzidas, substituir o índice x pelo índice y.

Finalmente, se os dois tabuleiros (1) e (2) estão sob a ação de forças horizontais H(1) e H(2), respectivamente, com direções quaisquer em relação aos eixos de referência ox e oy, o problema é resolvido em duas fases, supondo-se, em cada fase, um tabuleiro carregado e o outro descarregado, e efetuando a superposição dos resultados parciais para obter a distribuição final dessas forças no topo dos pilares da ponte.

Quando os dois tabuleiros forem separados por uma articulação Gerber, com aparelhos de apoio de neoprene, Figura 55, é simples verificar que o pilar fictício $\overline{P}(1,2)$ que substitui o tabuleiro descarregado (2), por exemplo, tem por coeficiente de rigidez global o valor dado pela expressão:

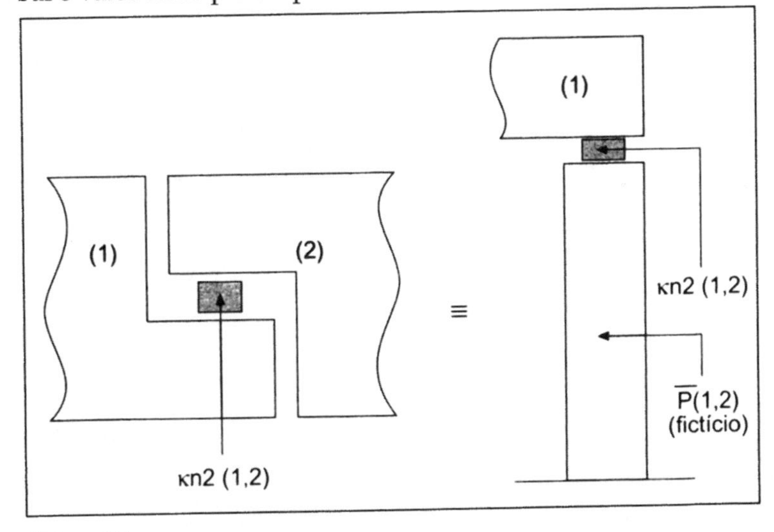

Figura 55

$$\frac{1}{\kappa xG(1,2)} = \frac{1}{\kappa x2(1,2)} = \frac{1}{\kappa n2(1,2)} \quad [79]$$

a qual é obtida a partir da expressão **[77]** fazendo $\kappa xP(1,2) = 0$ e substituindo o coeficiente de rigidez $\kappa n1(1,2)$ pelo coeficiente de rigidez $\kappa n2(1,2)$.

Exemplo 9

Considerando a mesma superestrutura de ponte do Exemplo 8, Figura 46, supõe-se agora que a mesma tem dois tabuleiros, separados por uma junta em correspondência ao pilar P(3), o qual passará a ser designado por P(1,2), dotado de aparelhos de apoio de neoprene, Figuras 56 e 57.

Deve-se determinar a distribuição da força de frenagem ou aceleração, agindo como carga uniformemente distribuída, nos pilares da ponte, de acordo com as indicações da NBR 7187 e com base nos dados abaixo:

- largura da pista: 7,20 m;
- coeficientes de rigidez globais (em tf/m):
  - a) Tabuleiro (1):
    - $\kappa x1(1) = 1.200$, $\kappa y1(1) = 4.000$
    - $\kappa x1(2) = 800$, $\kappa y1(2) = 2.500$
  - b) Tabuleiro (1):
    - $\kappa x2(1) = 1.000$, $\kappa y2(1) = 3.000$
    - $\kappa x2(2) = 1.800$, $\kappa y2(2) = 5.000$
- Pilar P(1,2) (sob a junta); coeficientes de rigidez (em tf/m):
  - aparelhos de neoprene:
    - $\kappa n1(1,2) = 600$
    - $\kappa n2(1,2) = 800$
  - fuste:
    - $\kappa xP(1,2) = 1.500$, $\kappa yP(1,2) = 4.000$

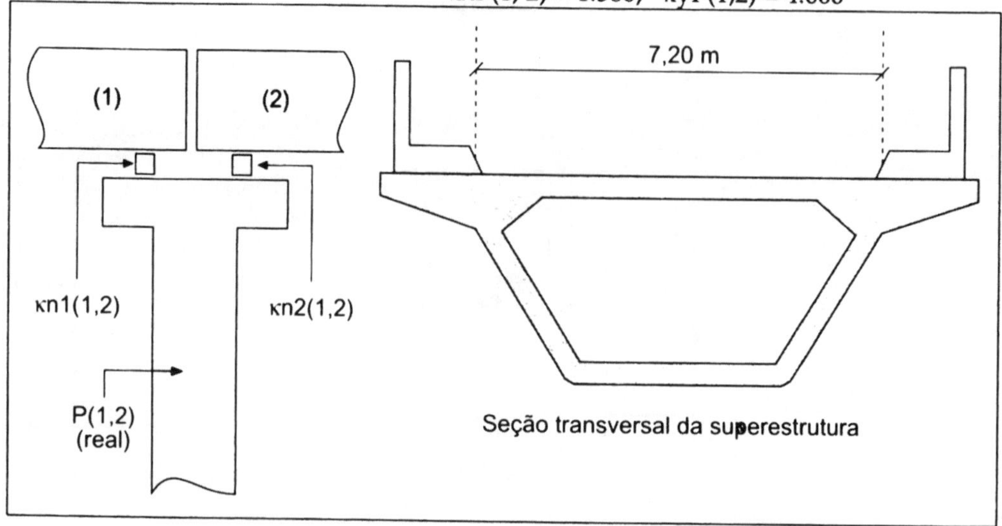

Seção transversal da superestrutura

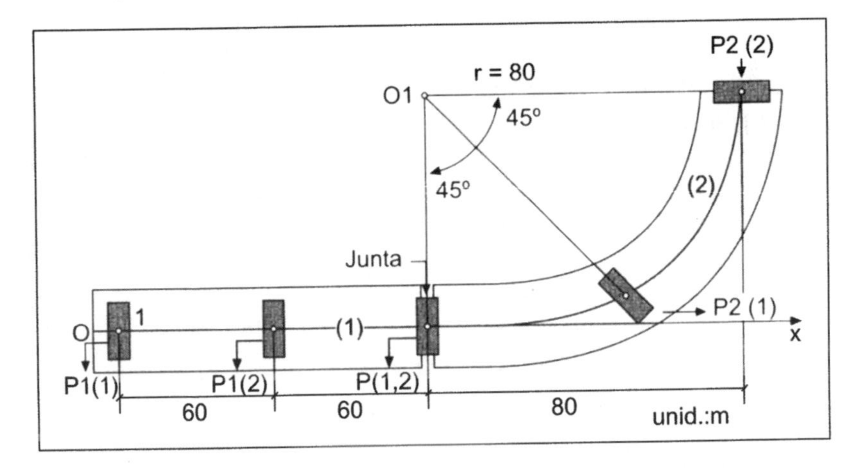

Figura 56

Solução

1 - Coordenadas do centro de gravidade dos pilares

De acordo com o exemplo 8, tem-se:

$$G1(1)(0,0),\quad G1(2)(60{,}0),\quad G(1,2)(120{,}0),$$

$$G2(1)[(175{,}569),(23{,}432)],\quad G2(2)\ (200{,}80)$$

2 - Força de frenagem ou aceleração distribuída

$$p = 0{,}05 \cdot 0{,}500 \cdot 7{,}20 = 0{,}180 \text{ tf/m}$$

3 - Coeficiente de rigidez global dos pilares fictícios

3. 1 - Tabuleiro (1)

O pilar fictício $\overline{P}(1,2)$ substituirá o tabuleiro (2).

3.1.1 - Segundo ox

Conforme a expressão **[73]**:

$$\frac{1}{\kappa x2(1,2)} = \frac{1}{\kappa n2(1,2)} + \frac{1}{Sx(2)}$$

Com:

$$Sx(2) = \kappa x2(1) + \kappa x2(2) = 1.000 + 1.800 = 2.800 \text{ tf/m}$$

vem:

$$\frac{1}{\kappa x2(1,2)} = \frac{1}{800} + \frac{1}{2.800}$$

ou

$$\kappa x2(1, 2) = 622{,}222 \text{ tf/m}$$

Usando a expressão [77], ou seja:

$$\frac{1}{\kappa xG(1,2} = \frac{1}{\kappa xP(1,2) + \kappa x2(1,2)} + \frac{1}{\kappa n1(1,2)}$$

ou

$$\frac{1}{\kappa xG(1,2)} = \frac{1}{1.500 + 622{,}222} + \frac{1}{600}$$

obtendo-se

$$\kappa xG(1, 2) = 467{,}755 \text{ tf/m}$$

3.1.2 - Segundo oy

É suficiente substituir o índice x pelo índice y nas expressões anteriores:

$$Sy(2) = 3.000 + 5.000 = 8.000 \text{ tf/m}$$

$$\frac{1}{\kappa y2(1,2)} = \frac{1}{800} + \frac{1}{8.000}$$

ou

$$\kappa y2(1,2) = 727{,}273 \text{ tf / m}$$

$$\frac{1}{\kappa yG(1,2)} = \frac{1}{4.000 + 727{,}273} + \frac{1}{600}$$

ou

$$\kappa yG(1, 2) = 532{,}423 \text{ tf/m}$$

Portanto, o pilar fictício $\overline{P}(1, 2)$ do tabuleiro (1) tem os coeficientes de rigidez globais:

$$\kappa xG(1, 2) = 467{,}755 \text{ tf/m}$$

$$\kappa yG(1, 2) = 532{,}423 \text{ tf/m}$$

3. 2 - Tabuleiro (2)

O pilar fictício $\overline{P}(2, 1)$ substituirá o tabuleiro (1).

3.2.1 - Segundo ox

Usando as fórmulas já indicadas, tem-se:

$$Sx(1) = \kappa x1(1) + \kappa x1(2) = 1.200 + 800 = 2.000 \text{ tf / m}$$

$$\frac{1}{\kappa x1(1,2)} = \frac{1}{600} + \frac{1}{20.000}$$

ou

$$\kappa x1(1, 2) = 461{,}538 \text{ tf/m}$$

e:

$$\frac{1}{\kappa xG(2,1)} = \frac{1}{1.500 + 461{,}538} + \frac{1}{800}$$

ou

$$\kappa xG(2, 1) = 568{,}245 \text{ tf/m}$$

3.2.2 - Segundo oy

Obtém-se:

$$Sy(1) = \kappa y1(1) + \kappa y1(2) = 4.000 + 2.500 = 6.500 \text{ tf / m}$$

$$\frac{1}{\kappa y1(1,2)} = \frac{1}{600} + \frac{1}{6.500}$$

ou

$$\kappa y1(1, 2) = 549{,}296 \text{ tf/m}$$

e

$$\frac{1}{\kappa yG(2,1)} = \frac{1}{4.000 + 549{,}296} + \frac{1}{800}$$

ou

$$\kappa yG(2,1) = 680{,}358 \text{ tf/m}$$

Portanto, o pilar fictício $\overline{P}(2, 1)$ do tabuleiro (2) tem os coeficientes de rigidez globais:

$$\kappa xG(2,1) = 568{,}245 \text{ tf/m}$$

$$\kappa yG(2, 1) = 680{,}358 \text{ tf/m}$$

4 - Centros de rotação

Para os tabuleiros parciais considerados isolados, com os respectivos pilares fictícios.

4.1 - Tabuleiro (1)

O tabuleiro (1) apresenta eixo reto e ortogonal (não esconso), Figura 57, uma vez que o eixo ox coincide com o eixo deste tabuleiro, o centro de rotação estará sobre o mesmo, isto é, $\mathbf{y_0(1) = 0}$.

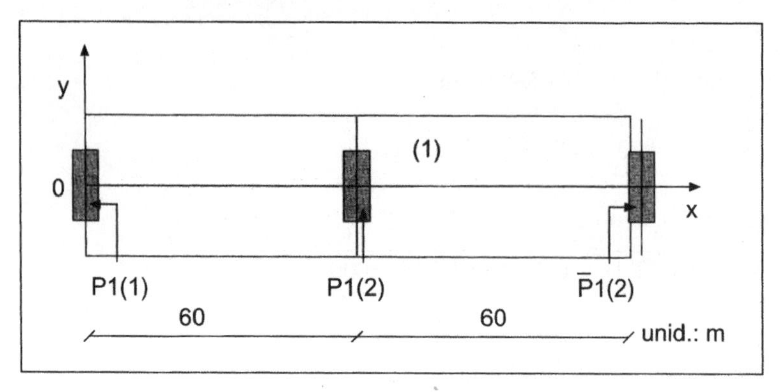

Figura 57

Tem-se de acordo com as expressões **[49]**:

$$x_0(1) = \frac{\sum \kappa y1(i) \cdot x1(i)}{\sum \kappa y1(i)}$$

mas:

$$\Sigma \kappa y1\ (i) = \kappa y1\ (1) + \kappa y1\ (2) + \kappa yG(1, 2)$$

ou:

$$\Sigma \kappa y1(i) = 4.000 + 2.500 + 532{,}423 = 7.032{,}423 \text{ tf/m}$$

$$\begin{aligned} \Sigma \kappa y1(i) \cdot x1(i) = \quad & 4.000 \cdot 0 = 0 \\ & 2.500 \cdot 60 = 150.000 \\ & 532{,}423 \cdot 120 = 63.890{,}760 \\ & \Sigma = 213.890{,}760 \text{ tf} \end{aligned}$$

$$x_0(1) = \frac{213.890{,}760}{7.032{,}423} = 30{,}415 \text{ m}$$

4.2 - Tabuleiro (2)

Conforme as expressões **[49]**:

$$\Sigma \kappa y2(i) = \kappa yG(2, 1) + \kappa y2(1) + \kappa y2(2)$$

ou

$$\Sigma \kappa y2(i) = 680{,}358 + 3.000 + 5.000 = 8.680{,}358 \text{ tf/m}$$

$$\begin{aligned} \Sigma \kappa y2(i) \cdot x2(i) = \quad & 680{,}358 \cdot 120 = 81.642{,}960 \\ & 3.000 \cdot 175{,}569 = 526.707{,}000 \\ & 5.000 \cdot 200 = 1.000.000{,}000 \\ & \Sigma = 1.608.349{,}960 \text{ tf} \end{aligned}$$

$$x_0(2) = \frac{1.608.349,960}{8.680,358} = 185,286 \text{ m}$$

$$\Sigma\kappa x2(i) = \kappa xG(2,1) + \kappa x2(1) + \kappa X2(2)$$

ou

$$\Sigma\kappa x2(i) = 568{,}245 + 1.000 + 1.800 = 3.368{,}245 \text{ tf/m}$$

$$\begin{aligned}\Sigma\kappa y2(i)\cdot y2(i) = 568{,}245\cdot 0 &= 0\\ 1.000\cdot 23{,}432 &= 23.432\\ 1.800\cdot 80 &= 144.000\\ \Sigma &= \overline{167.432}\text{ tf}\end{aligned}$$

$$y_0(2) = \frac{167.432}{3.368,245} = 49,709 \text{ m}$$

5 - Distribuição da força de frenagem ou aceleração

5.1 - Tabuleiro (1) carregado - Tabuleiro (2) descarregado

Força de frenagem ou aceleração.

$$H(1) = 0{,}180\cdot 120 = 21{,}60 \text{ tf}$$

5.1.1 - Tabuleiro (1)

A distribuição da força horizontal H(1) no tabuleiro (i), considerado isolado e com o pilar fictício $\overline{P}$ (1,2), é simples.

- **segundo ox**

$$Hx1(1,i) = \frac{\kappa x1(i)}{\Sigma\kappa x1(i)}\cdot H(1)$$

$$\Sigma\kappa x1(i) = 1.200 + 800 + 467{,}755 = 2.467{,}755 \text{ tf/m}$$

Portanto:

$$Hx1(1,i) = \frac{1.200}{2.467,755}\cdot 21,60 = 10,503 \text{ tf}$$

$$Hx1(1,2) = \frac{800}{2.467,755}\cdot 21,60 = 7,002 \text{ tf}$$

$$Hxn1(1,2) = \frac{467,755}{2.467,755}\cdot 21,60 = \underline{4,095 \text{ tf}}$$

$$\Sigma = 21,600 \text{ tf}$$

No topo do fuste do pilar (real) P(1,2) age a força (ver a expressão **[75]**:

$$HxP1(1,2) = \frac{\kappa xP(1,2)}{\kappa xP1(1,2) + \kappa x2(1,2)}\cdot Hxn1(1,2)$$

ou:

$$HxP1(1,2) = \frac{1.500}{1.500 + 622,222} \cdot 4.095 = 2,894 \text{ tf}$$

• segundo oy

$$Hy1(1,i) = 0$$

e

$$HyP1(1,2) = 0$$

5.1.2 - Tabuleiro (2)

Usando a expressão **[76]**:

$$Hxn1(2,1) = \frac{\kappa x2(1,2)}{\kappa xP(1,2) + \kappa x2(1,2)} \cdot Hxn1(1,2)$$

vem:

$$Hxn1(2,1) = \frac{622,222}{1.500 + 622,222} \cdot 4,095 = 1,201 \text{ tf}$$

A força Hxn1(2, 1), aplicada ao tabuleiro (2) através do aparelho de apoio desse tabuleiro no pilar de transição P(1,2), produz as seguintes forças nos pilares correspondentes.

$$Sx(2) = 1.000 + 1.800 = 2.800 \text{ tf / m}$$

$$Hx1(2,i) = \frac{\kappa x2(i)}{Sx(2)} \cdot Hxn1(2,1)$$

ou

$$Hx1(2,1) = \frac{1.000}{2.800} \cdot 1,201 = 0,429 \text{ tf}$$

$$Hx1(2,2) = \frac{1.800}{2.800} \cdot 1,201 = \underline{0,772 \text{ tf}}$$

$$\Sigma = 1,201 \text{ tf}$$

$$Hy1(2,1) = Hy1(2,2) = 0$$

5.2 - Tabuleiro (2) carregado - Tabuleiro (1) descarregado

Força de frenagem ou aceleração:

$$H(2) = pc$$

sendo c = corda do arco = $r\sqrt{2} = 80\sqrt{2}$ m

Portanto:

$$H(2) = 0,180 \cdot 80\sqrt{2} = 20,365 \text{ tf}$$

Essa força age paralelamente à corda do arco e a uma distância do centro desse arco dada por (ver a expressão **[61]**):

$$y_2 = \frac{r}{2c}(c\cos\alpha_0 + \mathbf{s})$$

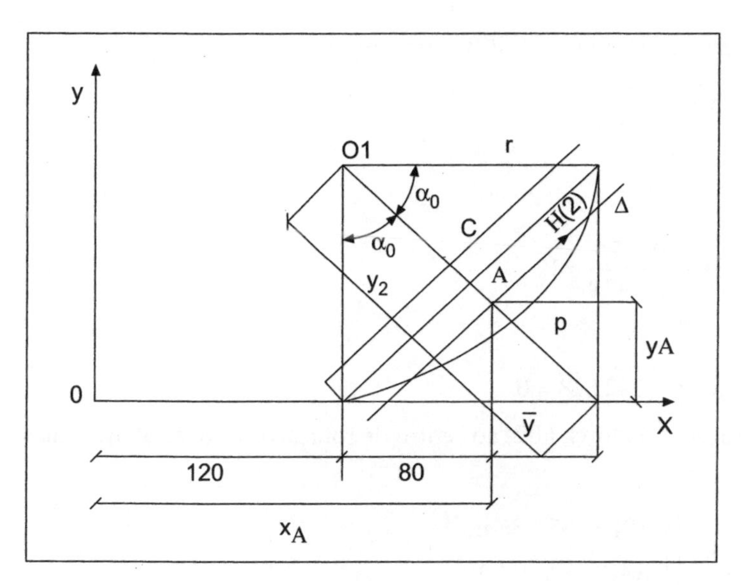

Figura 58

Mas:

$$\mathbf{s} = 2r\,\alpha_0 \qquad \text{e} \qquad c = 2r \text{ sen } \alpha_0$$

Sendo $\alpha_0 = \pi/4$, vem

$$y_2 = \frac{r}{4r \text{ sen } \alpha_0}(2r \text{ sen } \alpha_0 + 2r\alpha_0)$$

ou:

$$y_2 = \frac{r}{2 \text{ sen } \alpha_0}(\text{sen } \alpha_0 \cos\alpha_0 + \alpha_0)$$

ou seja:

$$y_2 = \frac{r}{2\sqrt{2}}\left(1 + \frac{\pi}{2}\right) = \frac{80}{2\sqrt{2}}\left(1 + \frac{\pi}{2}\right) = 72{,}724 \text{ m}$$

Então:

$$\bar{y} = r\sqrt{2} - y_2 = 80\sqrt{2} - 72{,}724 = 40{,}413 \text{ m}$$

As coordenadas do ponto A, na linha de ação da força H(2), serão:

$$x_A = 200 - \bar{y}\cos\alpha_0 = 200 - 40,413 \cdot \frac{\sqrt{2}}{2} = 171,424 \text{ m}$$

$$y_A = \bar{y}\cos\alpha_0 = 40,413 \cdot \frac{\sqrt{2}}{2} = 28,576 \text{ m}$$

A equação da reta Δ (linha de ação da força H(2)) será, então:

$$\frac{y - y_A}{x - x_A} = \text{tg}\ \alpha_0$$

ou

$$\frac{y - 28,576}{x - 171,424} = 1$$

ou:

$$x - y - 142,848 = 0$$

A distância **d** da linha de ação Δ da força H(2) ao centro de rotação **C2** do tabuleiro, cujas coordenadas são:

$$C_2 \begin{cases} x_0(2) = 185,286 \text{ m} \\ y_0(2) = \ \ 49,709 \text{ m} \end{cases}$$

será, utilizando a equação da reta Δ:

$$d = \frac{|Ax_0(2) + By_0(2) + C|}{\sqrt{A^2 + B^2}}$$

com: A = 1, B = – 1 e C = – 142,848, obtém-se:

$$d = \frac{|185,286 - 49,709 - 142,848|}{\sqrt{1^2 + 1^2}}$$

ou: d = 5,142 m

Transportando a força H(2), paralelamente a si mesma, para o centro de rotação C2, têm-se as ações:

$$M(2) = H(2)\ d = 20,365 \cdot 5,142 = 104,717 \text{ tf/m}$$

$$H(2) = 20,365 \text{ tf}$$

cujas distribuições pelos pilares são indicadas a seguir:

5.2.1 - Tabuleiro (2)

5.2.1.1 - Momento M(2)

Usando a expressão **[51]**:

$$S = -\sum\kappa x2(i) \cdot [y2(i) - y_0(2)]^2 + \sum\kappa y2(i) \cdot [x2(i) - x_0(2)]^2 + \sum\kappa t2(i)$$

Tem-se:

$$\sum\kappa t2(i) \cong 0$$

uma vez que os aparelhos de apoio são de neoprene:

$$\begin{aligned}
\sum\kappa x2(i)\,[y2(i) - y0(2)]^2 = \quad & 568{,}245 \cdot (0 - 49{,}709)^2 = 1.404.124{,}690 \\
& 1.000\,(23{,}432 - 49.709)^2 = 690.480{,}729 \\
& 1.800\,(80 - 49{,}709)^2 = 1.651.580{,}426 \\
& \textstyle\sum = 3.746.185{,}845
\end{aligned}$$

$$\begin{aligned}
\sum\kappa y2(i)\,[y2(i) - y0(2)]^2 = \quad & 680{,}358 \cdot (120 - 185{,}286) = 2.899.863{,}911 \\
& 3.000\,(175{,}569 - 185{,}286) = 283.260{,}267 \\
& 5.000\,(200 - 185{,}286) = 1.082.508{,}980 \\
& \textstyle\sum = 4.265.633{,}158
\end{aligned}$$

Portanto:

$$S = -3.746.185{,}845 + 4.265.633{,}158 = 519.447{,}313$$

As forças nos pilares do tabuleiro (2) serão, de acordo com as expressões **[53]**:

$$H1xn2(2,1) = -\kappa xG(2,1) \cdot \frac{M(2)}{S}[y(1,2) - y_0(2)] = -568{,}245 \cdot \frac{104.717}{519.447{,}313}(0 - 49{,}709) = \\ = 5{,}694 \text{ tf}$$

$$H1x2(2,1) = -1.000 \cdot \frac{104.717}{519.447{,}313}(23{,}432 - 49{,}709) = 5.297 \text{ tf}$$

$$H1x2(2,2) = -1.800 \cdot \frac{104.717}{519.447{,}313}(80 - 49{,}709) = -\underline{10{,}99} \text{ tf}$$

$$\Sigma = 0$$

$$H1yn2(2,1) = \kappa yG(2,1) \cdot \frac{M(2)}{S}[x(1,2) - x_0(2)] = 680{,}358 \cdot \frac{104{,}717}{519.447{,}313}(120 - 185{,}286) = \\ = -8{,}954 \text{ tf}$$

$$H1y2(2,1) = 3.000 \cdot \frac{104{,}717}{519.447{,}313}(175{,}569 - 185{,}286) = -5{,}877 \text{ tf}$$

$$H1y2(2,2) = 5.000 \cdot \frac{104{,}717}{519.447{,}313}(200 - 185{,}286) = \underline{14{,}831 \text{ tf}}$$

$$\Sigma = 0$$

5.2.1.2 — Força H(2)

Decompondo a força H(2) segundo os eixos ox e oy, obtém-se:

$$Hx(2) = H(2)\cos\alpha = 20{,}365 \cos 45° = 14{,}400 \text{ tf}$$

$$Hy(2) = H(2)\,\text{sen}\,\alpha = 20{,}365 \,\text{sen}\, 45° = 14{,}400 \text{ tf}$$

Distribuindo essas forças, vem:

$$H2x2(2,i) = \frac{\kappa x2(i)}{\Sigma\kappa x2(i)} \cdot Hx(2)$$

com:

$$\Sigma\kappa x2(2, i) = 568{,}245 + 1.000 + 1.800 = 3.368{,}245 \text{ tf/m}$$

obtém-se:

$$H2xn2(2,1) = \frac{568.245}{3.368,245} \cdot 14,400 = 2,429 \text{ tf}$$
$$H2x2(2,1) \;\; = \frac{1.000}{3.368,245} \cdot 14,400 = 4,275 \text{ tf}$$
$$H2x2(2,2) \;\; = \frac{1.800}{3.368,245} \cdot 14,400 = \underline{7,696} \text{ tf}$$
$$\Sigma = 14.400 \text{ tf}$$

$$H2y2(2,i) = \frac{\kappa y2(2,i)}{\Sigma\kappa y2(2,i)} \cdot Hy(2)$$

com:

$$\Sigma\kappa y2(2, i) = 680{,}358 + 3.000 + 5.000 = 8.680{,}358 \text{ tf/m}$$

obtém-se

$$H2yn2(2,1) = \frac{680.358}{8.680,358} \cdot 14,400 = 1,129 \text{ tf}$$
$$H2y2(2,1) \;\; = \frac{3.000}{8.680,358} \cdot 14,400 = 4,977 \text{ tf}$$
$$H2y2(2,2) \;\; = \frac{5.000}{8.680,358} \cdot 14,400 = \underline{8,294} \text{ tf}$$
$$\Sigma = 14,400 \text{ tf}$$

5.2.1.3 — Tabuleiro (2) carregado — Valores finais

$$\begin{aligned} Hxn2(2,1) &= \;\; 5,694 + 2,329 = \;\; 8,123 \text{ tf} \\ Hx2(2,1) &= \;\; 5,297 + 4,275 = \;\; 9,573 \text{ tf} \\ Hx2(2,2) &= -10,991 + 7,695 = \underline{-3,296 \text{ tf}} \\ \Sigma &= 14,400 \text{ tf} \end{aligned}$$

$$\begin{aligned} Hyn2(2,1) &= -8,954 + 1,129 = -7,825 \text{ tf} \\ Hy2(2,1) &= -5,877 + 4,977 = -0,900 \text{ tf} \\ Hy2(2,2) &= \;\; 14,831 + 8.294 = \underline{23,125 \text{ tf}} \\ \Sigma &= 14,400 \text{ tf} \end{aligned}$$

5.2.2 — Tabuleiro (1)

No pilar P(1, 2), conforme a expressão [75]:

$$HxP2(1,2) = \frac{\kappa xP(1,2)}{\kappa xP(2,1) + \kappa x1(1,2)} \cdot Hxn2(2m1)$$

ou:

$$HxP2(1,2) = \frac{1.500}{1.500 + 461,538} \cdot 8,123 = 6,212 \text{ tf}$$

$$Hxn2(1,2) = \frac{\kappa x1(1,2)}{\kappa xP(1,2) + \kappa x1(1,2)} \cdot Hxn2(2,1)$$

ou:

$$Hxn2(1,2) = \frac{461,538}{1.500 + 461,538} \cdot 8,123 = 1,911 \text{ tf}$$

$$HyP2(1,2) = \frac{\kappa yP(1,2)}{\kappa yP(1,2) + \kappa y1(1,2)} \cdot Hnx2(2,1)$$

ou:

$$HyP2(1,2) = \frac{4.000}{4.000 + 549,296} \cdot (-7,825) = -6,880 \text{ tf}$$

$$Hyn2(1,2) = \frac{\kappa y1(1,2)}{\kappa yP1,2) + \kappa y1(1,2)} \cdot Hyn2(2,1)$$

ou:

$$Hyn2(1,2) = \frac{549,296}{4.000 + 549,296} \cdot (-7,825) = -0,945 \text{ tf}$$

As forças Hxn2(1, 2) e Hyn2(1, 2) devem ser distribuídas pelos pilares do tabuleiro (1). Tem-se:

$$Hx2(2,i) = \frac{\kappa x1(i)}{Sx(1)} \cdot Hxn2(1,2)$$

Portanto:

$$Hx2(1,i) = \frac{1.200}{2.000} \cdot 1,911 = 1,147 \text{ tf}$$

$$Hx2(1,2) = \frac{800}{2.000} \cdot 1,911 = \underline{0,764 \text{ tf}}$$

$$\Sigma = 1,911 \text{ tf}$$

$$Hy2(1,i) = \frac{\kappa yn2(1,2)}{Sy(1)} \cdot Hyn2(1,2)$$

Portanto:

$$Hy2(1,i) = \frac{4.000}{6.500} \cdot (-0,945) = -0,582 \text{ tf}$$

$$Hx2(1,2) = \frac{2.500}{6.500} \cdot (-0.945) = \underline{-0,363 \text{ tf}}$$

$$\Sigma = -0,945 \text{ tf}$$

6. *Valores Finais*

Por superposição dos valores anteriormente obtidos, vem:

$$
\begin{array}{lclcr}
Hx1(1) & = & Hx1(1,1) + Hx2(1,1) = & 10,503 + 1,147 = & 11,650 \text{ tf} \\
Hx1(2) & = & Hx1(1,2) + Hx2(1,2) = & 7,002 + 6,764 = & 7,766 \text{ tf} \\
HxP(1,2) & = & HxP1(1,2) + HxP2(1,2) = & 2,894 + 6,212 = & 9,106 \text{ tf} \\
Hx2(1) & = & Hx1(2,1) + Hx2(2,1) = & 0,429 + 9,572 = & 10,001 \text{ tf} \\
Hx2(2) & = & Hx1(2,2) + Hx2(2,2) = & 0,772 - 3,296 = & \underline{-2,524 \text{ tf}} \\
 & & & \Sigma \cong & 36,000 \text{ tf}
\end{array}
$$

$$
\begin{array}{lclcr}
Hy1(1) & = & Hy1(1,1) + Hy2(1,1) = & 0 - 0,582 = & -0,582 \text{ tf} \\
Hy1(2) & = & Hy1(1,2) + Hy2(1,2) = & 0 - 0,363 = & -0,363 \text{ tf} \\
HyP(1,2) & = & HyP1(1,2) + HyP2(1,2) = & 0 - 6,880 = & -6,880 \text{ tf} \\
Hy2(1) & = & Hy1(2,1) + Hy2(2,1) = & 0 - 0,990 = & -0,900 \text{ tf} \\
Hy2(2) & = & Hy1(2,2) + Hy2(2,2) = & 0 + 23,125 = & \underline{23,125 \text{ tf}} \\
 & & & \Sigma \cong & 14,400 \text{ tf}
\end{array}
$$

Verificação

Forças externas:

Hx = 21,60 + 14,40 = 36,00 tf

Hy= 14,40 tf

As forças Hxi(j), Hyi(j), HxP(1,2) e HyP(1,2) permitem determinar as forças segundo as direções dos eixos centrais de inércia dos pilares utilizando as expressões **[54]**.

3.2.2 □ Caso de superestrutura com mais de dois tabuleiros

Quando a superestrutura da ponte for constituída por mais de dois tabuleiros, e possível resolver o problema da distribuição de ações horizontais, aplicadas aos mesmos, pelos pilares, através da utilização sucessiva do conceito de pilares fictícios, de acordo com os critérios apresentados no item anterior.

Admite-se, sempre, que cada tabuleiro acha-se associado a outro apenas por um pilar de ligação (ou articulação tipo Gerber), com aparelhos de apoio de neopreme; no caso de outros tipos de aparelhos de apoio, ver a observação feita no item 3.2.

A Figura 60 mostra, por exemplo, as fases que podem ser adota-das no caso de uma superestrutura com três tabuleiros.

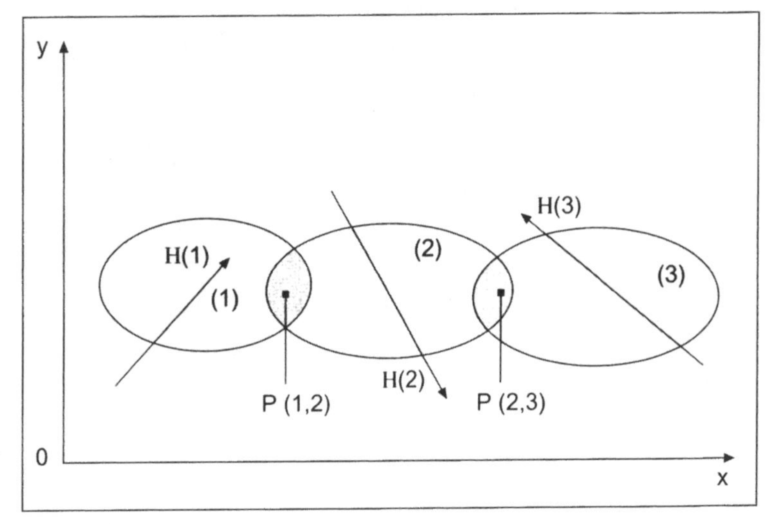

Figura 60 (a)

1.ª Fase: Tabuleiro (1) carregado e os demais descarregados.

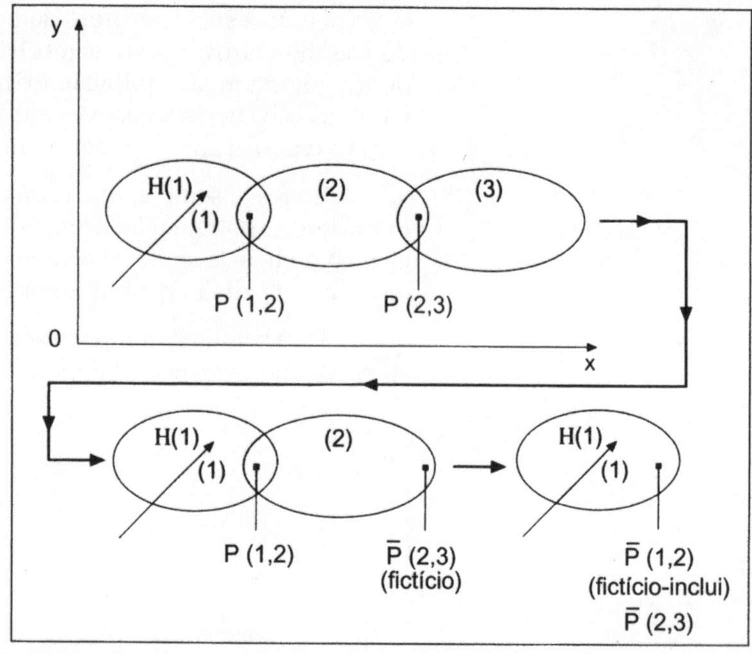

Figura 60 (b)

2.ª Fase: Tabuleiro (2) carregado e os demais descarregados.

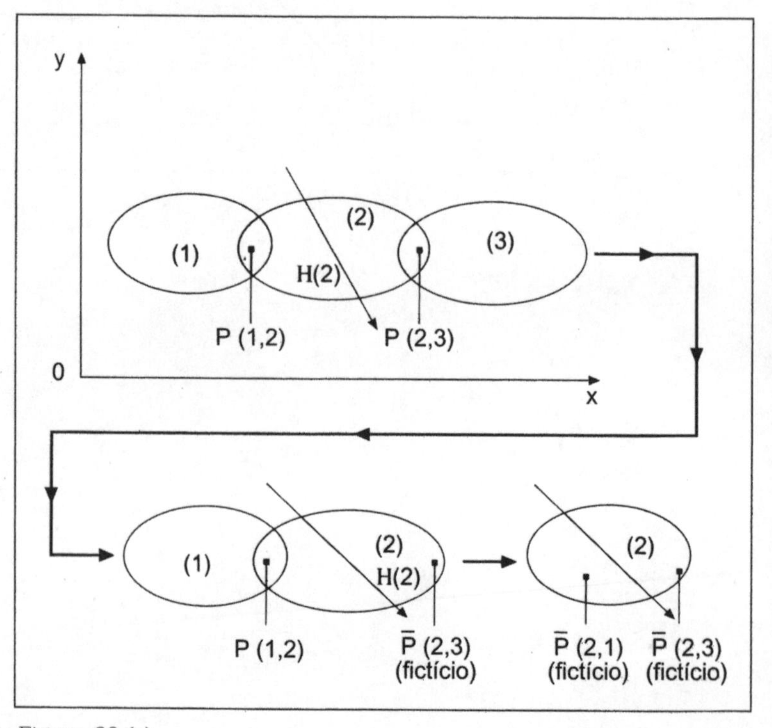

Figura 60 (c)

3.ª Fase: Tabuleiro (3) carregado e os demais descarregados.

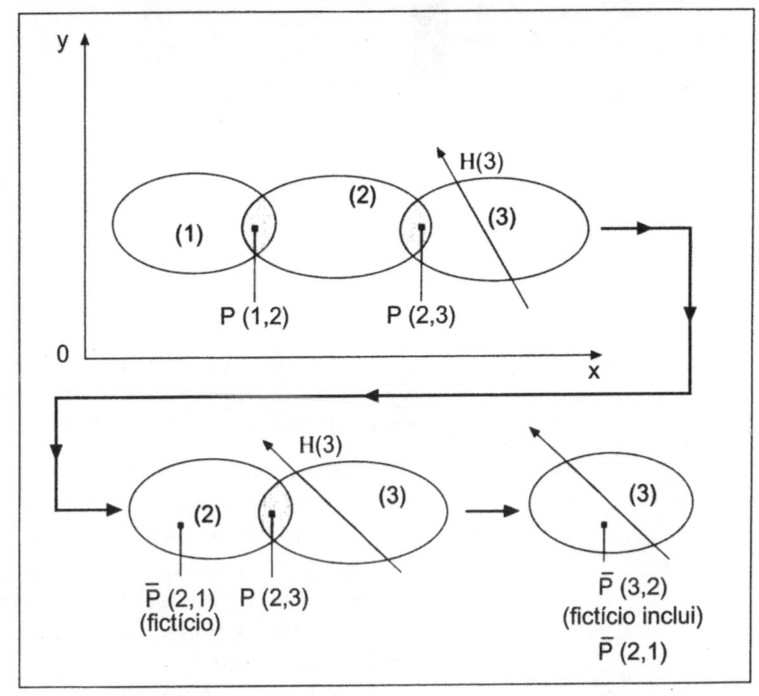

Figura 60 (d) — As fases de tabuleiros carregados e descarregados

O resultado final em cada pilar será obtido pela superposição dos resultados parciais determinados em cada uma das fases de cálculo indicadas.

Deve-se observar que o processo de cálculo, baseado no conceito de pilar fictício anteriormente definido, pode ser aplicado quando um determinado tabuleiro se une a mais de dois outros tabuleiros, sempre separados por juntas, nas quais ocorre um pilar comum a dois tabuleiros adjacentes e no qual são utilizados aparelhos de apoio de neoprene, Figura 61.

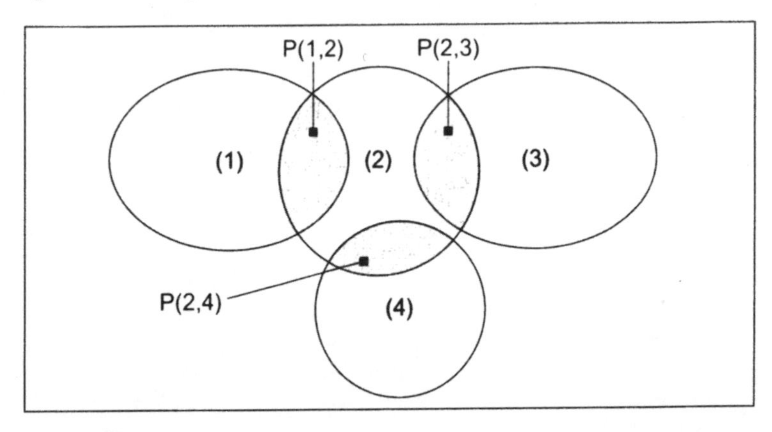

Figura 61

Capítulo 4 CONCLUSÕES

O problema da distribuição de ações horizontais em pilares de pontes de vigas tem sido objeto de estudo por vários autores, como indica, parcialmente, a Bibliografia a seguir.

Nas considerações desenvolvidas nos itens anteriores procurou-se apresentar a solução do problema com base na definição do coeficiente de rigidez de um pilar segundo uma direção qualquer, portanto não necessariamente coincidente com um dos eixos centrais de inércia das respectivas seções; com fundamento nessa definição, pretendeu-se tratar o problema sob forma geral, com aplicação do processo proposto a qualquer tipo de superestrutura de ponte de vigas. Neste caso, deve-se destacar a dificuldade, talvez aparente, de estabelecer uma notação apropriada, que permita a programação do processo. Alguns exemplos de aplicação procuraram estabelecer a utilização das expressões deduzidas. Nesses exemplos, os coeficientes de rigidez globais dos pilares são admitidos como tendo o seu valor conhecido; na prática, a determinação desse valor pode, porém, apresentar grandes dificuldades de cálculo, principalmente quando se deve levar em conta o comportamento da fundação dos pilares.

Capítulo 5

BIBLIOGRAFIA

1 - Braga, W. A. "Distribuição das Forças Longitudinais nas Pontes". Revista *Engenharia*, Instituto de Engenharia de São Paulo - n.º 261, de 3/1965

2 - Braga, W. A. "Considerações sobre as Infra-estruturas de Pontes". Tese de Doutoramento a EPUSP - São Paulo, 1972

3 - Castello Branco, P. A. M. / Nogueira, J. "Cálculo dos Esforços em Infra-estrutura Curva" Anais das "XV Jornadas Sul-americanas de Engenharia Estrutural" - Porto Alegre - 1971.

4 - Faria Cardoso, J. / Ribeiro, C. F. "Forças Horizontais em Apoios de Pontes". Revista *Estrutura* n.º 67 - 1973

5 - Freitas, M. "Pontes - Distribuição de Ações Horizontais Longitudinais". Escola de Engenharia Mauá - 1986

6- Freitas, M. "Pontes - Ação Estática do Vento". Escola de Engenharia Mauá - 1986

7 - Rodenas, J. R. R. "Cálculo de Desplazamientos y Fuerzas Horizontales en Pilas de Puentes" Revista *Hormigón y Acero* n.º 112 - 1974

8 - Witecki, A. A. / Raina, V. K. "Distribution of Longitudinal Forces among Bridge Supports". ACI Publication - SP. 23 - 1969

GRÁFICA PAYM
Tel. [11] 4392-3344
paym@graficapaym.com.br